Albert DE ROCHAS

La Suspension de la Vie

AVEC SEPT FIGURES

DORBON-AINÉ
19, Boulevard Haussmann, 19
PARIS

La Suspension de la Vie

Albert De Rochas

La Suspension de la Vie

AVEC SEPT FIGURES

DORBON-AINÉ
19, Boulevard Haussmann, 19
PARIS

La Suspension de la Vie

———

PRÉFACE

Il y a un certain nombre de phénomènes dont on conteste généralement l'existence parce qu'ils se présen- tent rarement et l'on considère les récits qui les signalent comme de simples légendes dues à la tendance naturelle de l'esprit humain vers le merveilleux. Beaucoup de gens donnent naïvement leur ignorance pour raison de leur incrédulité en disant : « Si c'était vrai, cela se saurait. »

C'est donc une œuvre utile, quoique ingrate, de re- chercher ces phénomènes, en accumulant les documents qui en font foi, afin de prouver que leur rareté n'est qu'apparente et de les grouper de manière à montrer que les plus extraordinaires se rattachent, par transitions insensibles, à ceux que nous observons tous les jours.

Tel est le but de cette étude qui a pour sujet La Suspension de la Vie. *On y verra que l'organisme humain*

est capable de supporter de très longs jeûnes et peut
rester pendant plusieurs années dans l'état si voisin de
la mort qu'est le sommeil ; cela rendra moins invraisemblables les récits des hagiographes et les inhumations
temporaires des fakirs. Les phénomènes de reviviscence
des organismes inférieurs, rapprochés des retentissantes
expériences de M. Stéphane Leduc et de M. Yves Delage,
pourront en outre jeter quelque clarté sur la question si
obscure de l'origine de la vie.

Grenoble, 20 mai 1913.

ALBERT DE ROCHAS.

CHAPITRE I

LES LONGS JEÛNES.

I

On admet généralement que l'homme peut vivre une quarantaine de jours sans prendre aucune nourriture [1]. C'est la

---

[1] En 1831, le prisonnier Granier se laissa périr d'inanition dans les prisons de Toulouse, ce qui lui demanda soixante-trois jours. Un autre désespéré, dont l'observation fut communiquée vers le même temps à l'Académie de Médecine par le docteur Serrurier, fut presque aussi long à mourir. « Le sujet, rapporte le professeur A. Lacassagne dans son *Précis de médecine légale*, était un musicien ambulant qui, pendant soixante jours, c'est-à-dire depuis l'instant de sa résolution, annoncée par lui avec le plus grand sang-froid, jusqu'à sa mort, ne prit de temps à autre que quelques gorgées d'eau et de sirop d'orgeat. L'amaigrissement fut peu sensible pendant les quinze premiers jours. L'excrétion des matières alvines eut d'abord lieu, puis fut supprimée. L'urine, abondante dans les premiers temps, devint rare, brune, floconneuse, avec dépôt, d'odeur phosphorescente. Pendant les vingt derniers jours de la vie, odeur cadavéreuse de tout le corps, diarrhée de matières fétides, haleine putride, trismus douloureux, sentiment de douleur vive à l'épigastre, amaigrissement rapide, déformation de la poitrine, qui devient étroite et bombée ; les épaules rentrent et laissent saillir les vertèbres ; le ventre s'aplatit, le bassin semble former une cavité immense. La peau se couvre de pétéchies et se détache par lambeaux. Il meurt le soixantième jour : l'autopsie n'a pas été faite. »

En règle ordinaire, les effets de l'abstinence sont les suivants : durant les premiers jours, le sujet inanitié est tourmenté par la faim ; il éprouve de violentes douleurs épigastriques et celles-ci peuvent même occasionner des vomissements. Sa face est pâle ; il est triste, abattu, affaibli et refuse de faire tout mouvement. Bientôt les gencives se tuméfient, la salive devient rare et la langue se recouvre d'un épais enduit blanchâtre. L'haleine devient chaude et d'une fétidité telle que des mineurs, enfermés sans nourriture à l'intérieur d'une galerie, étaient obligés de se tourner le dos. Au début de l'abstinence, les fèces sont abondantes. Mais, bientôt, elles se raréfient et ce n'est que vers la fin qu'elles reparaissent diarrhéiques. Chez l'inanitié, la respiration se ralentit, le pouls s'affaisse et diminue de fréquence ; enfin la température s'abaisse. Le poids du corps, peu modifié durant les premiers jours, diminue ensuite rapidement et l'expérience montre qu'en général la mort survient quand il se trouve réduit aux quatre dixièmes du poids initial, parfois même, chez les sujets jeunes, quand il atteint la moitité du poids primitif.

durée des jeûnes dont il est question dans la Bible. Le chien peut rester trente-cinq jours, le chat et le cheval une vingtaine de jours ; une souris deux ou trois jours seulement [1].

Les animaux hibernants, tels que l'écureuil, la marmotte et la chauve-souris passent plusieurs mois sans manger [2], parce que, en dehors du travail du cœur et des poumons, ils ne dépensent rien pendant leur engourdissement ; leur température s'abaisse, mais elle reste supérieure d'un degré à celle du milieu ambiant ; les combustions sont très faibles, les tissus se consument très peu et très lentement ; les mouvements du cœur et la respiration sont seulement ralentis ; le docteur Preyer a observé qu'un hamster restait parfois cinq minutes sans respirer d'une façon appréciable après quinze jours de sommeil.

Les animaux, à sang froid d'une façon permanente, supportent des jeûnes beaucoup plus prolongés ; les grenouilles peuvent passer tout l'hiver sans manger. Les serpents restent plusieurs mois sans prendre d'aliments et sans paraître incommodés ; certains individus ont pu même passer ainsi des années. Des faits de cette nature ont été observés au Muséum d'histoire naturelle de Paris. Auguste Duméril cite l'exemple d'une couleuvre de l'Amérique du Nord restée quinze mois sans prendre de nourriture et d'un crotale qui ne s'est décidé à manger qu'au bout de vingt-six mois. Le professeur Vaillant mentionne un pélophile encore vivant au bout de vingt-trois mois de jeûne et un python n'acceptant la proie qu'on lui offrait qu'au bout de vingt-neuf mois passés.

Le docteur Jacques Pellegrin a également observé trois cas intéressants. Le premier est celui d'un énorme python réticulé entré, le 17 novembre 1899, à la ménagerie du Muséum où il est mort, le 20 avril 1902, après deux ans, cinq mois et trois jours de jeûne ; l'animal qui, à son entrée, pesait 75 kilos, ne pesait plus à sa mort que 27 kilos ; il avait donc perdu les deux

---

[1] *Erpétologie générale*, t. VII.

[2] A Madagascar existe un mammifère carnassier, le *tarnée*, qui passe trois mois de l'année en léthargie, et cela au moment des plus grandes chaleurs, parce que l'extrême sécheresse a fait disparaître les insectes dont cet animal se nourrit,

tiers de son poids. Les deux autres cas se rapportent à des pélophiles de Madagascar, dont l'un est mort après trois ans environ de jeûne et l'autre au bout de quatre ans et un mois. Ce dernier, qui pesait 4 kilos et mesurait 2 mètres de longueur, n'avait pas beaucoup perdu de son poids; c'est lui qui tient jusqu'à ce jour le record de l'abstinence. Des expériences faites sur des couleuvres ayant montré que la mort arrive trois fois plus vite chez les animaux qui ne peuvent ni boire ni se baigner, on peut en conclure que les serpents en liberté peuvent résister encore plus longtemps.

II

Les exemples de jeûnes prolongés fourmillent dans les annales du mysticisme.

Voici d'abord ce qu'en dit l'abbé Ribet, professeur de théologie au Grand Séminaire de Lyon, dans le tome II de sa *Mystique*.

Par deux fois Moïse demeure quarante jours dans la montagne, sans autre aliment que la loi du Seigneur, qu'il devait transmettre à son peuple. Après avoir goûté du pain mystérieux que l'Ange lui présente, Elie marche pendant quarante jours et quarante nuits jusqu'au mont Horeb. Le Sauveur devait consacrer par son exemple ce jeûne de quarante jours.

Saint Siméon Stylite, sainte Elisabeth, qualifiée de thaumaturge par les Grecs, sainte Colette et plusieurs autres ont renouvelé cette abstinence absolue pendant la quarantaine liturgique. Saint Siméon Salus jeûnait tout le Carême, jusqu'au Jeudi-Saint. Saint Dalmace passa également tout un Carême sans prendre de nourriture, jusqu'au jeudi de la grande semaine, où, après les Offices sacrés, il prit son repas avec les Frères. Le soir de ce même jour, il s'assit sur un escabeau et demeura encore quarante-trois jours, c'est-à-dire jusqu'à la solennité de l'Ascension, dans l'immobilité de l'extase. Enfin son supérieur Isace le rappelle, et le saint raconte alors une vision qui fournit à tous la preuve que l'illumination dont son âme avait joui venait véritablement du Seigneur.

Hors même des temps consacrés par la piété chrétienne, ces faits se sont multipliés à l'infini. Saint Pierre d'Alcantara avouait à sainte Thérèse qu'il ne donnait d'aliment à son corps que de trois en trois jours, et ses historiens racontent que, parfois, il prolongeait son abstinence pendant des semaines entières. L'abbé saint Elpide vécut vingt-cinq ans dans une grotte, ne prenant de nourriture que le dimanche et le jeudi. Saint Euthyme, surnommé le Grand, ne mangeait que le samedi ou le dimanche. La vénérable Marie d'Oignies était huit, onze et quelquefois trente jours sans boire ni manger, absorbée dans une douce contemplation et n'éprouvant de faim que pour l'Eucharistie, qui était alors sa seule nourriture...

Sainte Catherine de Sienne, en qui la vie contemplative a rayonné d'un si vif éclat, passait tout le Carême et le temps pascal sans autre réfection que l'Eucharistie[1].

Le bienheureux Nicolas de Flue obtint de sa femme, dont il avait eu dix enfants, de se consacrer à Dieu dans une solitude profonde. Il y passa le reste de ses jours, depuis l'âge de 50 ans jusqu'à celui de 70 ans, sans user d'aucun aliment. Après les six premiers mois, sur l'ordre de ses supérieurs, il essaie de manger ; il parvient avec peine à introduire dans son estomac quelques miettes et quelques gouttes de vin qu'il rejeta aussitôt. Interrogé comment il pouvait vivre ainsi, il répond que c'est l'Eucharistie qui est sa vie. Une attestation inscrite aux archives de la paroisse de Saxlen, du vivant de cet ermite célèbre, et citée par son biographe est ainsi conçue : « Qu'il soit fait savoir à tous et à chacun que, l'an du Seigneur 1487, vivait un excellent homme du nom de Nicolas de Flue, né et élevé dans la paroisse de Saxlen, à la Montagne, lequel, abandonnant père et frère, sa pauvre épouse et ses enfants, cinq fils et cinq filles, s'en est allé dans le désert de Ranst, où Dieu l'a soutenu sans nourriture et boisson pendant longtemps, c'est-à-dire dix ans. Au moment où l'on écrivait ceci, il était plein de sens et menant une sainte vie, ce que nous avons vu et savons en vérité. »

Un autre auteur célèbre qui a écrit sur *la Mystique*, le professeur allemand Gœrres, donne à ce sujet quelques détails plus précis (tome I, ch. v) :

Pendant un mois, dit-il, les habitants d'Underwald occupèrent tous les passages qui conduisaient à la cabane de Nicolas de Flue et furent convaincus que non seulement on ne lui avait porté aucune nourriture pendant ce temps, mais qu'aucun homme n'avait pu arriver jusqu'à lui. Cependant l'évêque de Constance, ne se trouvant pas encore satisfait, envoya près du solitaire son évêque suffragant. Celui-ci, étonné de le trouver si vigoureux après une si longue abstinence, lui ayant demandé quelle vertu il préférait à toutes les autres, Nicolas lui répondit que c'était l'obéissance; sur quoi, l'évêque lui ordonna aussitôt de manger un pain qu'il lui présenta. Le solitaire obéit ; mais, à peine avait-il mangé la première bouchée qu'il éprouva des vomissements très violents et il lui fut impossible de continuer à manger. L'évêque de Constance, ne croyant pas encore au récit de son suffragant, voulut s'assurer par lui-même de la vé-

---

[1] La vénérable mère Agnès de Langeac vécut ainsi plus de six mois de suite.

rité des faits. Il se rendit donc auprès de Nicolas et il lui demanda comment il pouvait vivre ainsi sans manger. Le frère lui répondit que, lorsqu'il assistait à la messe ou qu'il prenait la sainte Eucharistie, il sentait une force et une douceur qui le rassasiaient et lui tenaient lieu de nourriture...

Gœrres rappelle, à ce propos, qu'en 1225, Hugues, évêque de Lincoln, apprit qu'il y avait à Leicester une religieuse n'ayant pris aucune nourriture depuis sept ans et vivant seulement de l'Eucharistie, qu'elle recevait tous les dimanches. N'ajoutant aucune foi à ce récit, il envoya d'abord à cette femme quinze clercs qui devaient l'observer attentivement pendant quinze jours, sans la perdre de vue un seul instant; et comme, pendant tout ce temps, elle conserva ses forces et sa santé, quoiqu'elle n'eût pris aucune nourriture, il se déclara convaincu.

Voici encore quelques autres exemples se rapportant à des saints et également empruntés à Gœrres:

Sainte Rose de Lima s'était interdit, dès la plus tendre enfance, tous les fruits dont la saveur est, on le sait, si agréable au Pérou. A l'âge de 6 ans, trois fois par semaine, elle ne prenait que du pain et de l'eau, et depuis l'âge de 15 ans elle renonça entièrement à l'usage de la chair. Elle s'était tellement accoutumée à ce genre de vie que, lorsque dans ses maladies on lui donnait quelque nourriture recherchée pour la soutenir, son état empirait, au contraire, d'une manière très grave, tandis qu'un morceau de pain trempé dans l'eau lui rendait quelquefois subitement la santé. Plus tard, à partir de l'Exaltation de la Sainte-Croix jusqu'à Pâques, elle ne prenait qu'une fois le jour un peu de pain et d'eau; encore, pendant tout le Carême, renonçait-elle au pain, pour ne vivre que de pépins d'orange. Le vendredi, elle n'en mangeait que cinq, et le reste du temps elle en prenait si peu que ce qu'elle consommait en huit jours paraissait à peine suffisant pour un seul. Une fois, un petit pain et une bouteille d'eau lui suffirent pendant cinquante jours; une autre fois, elle passa tout ce temps sans boire une goutte d'eau. Dans les derniers temps de sa vie, elle avait coutume de s'enfermer le jeudi dans son oratoire et d'y rester jusqu'au dimanche, sans boire ni dormir, mais continuellement occupée à prier.

Liedwine de Schiedam tomba malade en 1395 et resta en cet état pendant trente-trois ans, jusqu'à sa mort. Pendant les dix-neuf premières années, elle ne mangeait dans le jour qu'une petite tranche de pomme, grosse comme une hostie, ou un peu de pain, avec une petite gorgée de bière, ou quelquefois un peu de lait doux. Plus tard, ne pouvant digérer ni la bière, ni le lait, elle prit un peu de vin mêlé avec de l'eau. Plus tard encore, elle fut obligée de se réduire à l'eau comme breuvage et nourriture. Elle en prenait et en buvait le quart d'une mesure par semaine et la faisait prendre à la Meuse. Son goût avait acquis une telle délicatesse qu'elle sentait les moindres altérations de ce fleuve, dont l'eau, du reste, lui paraissait plus savoureuse que le meilleur vin. Mais, au bout de dix-neuf ans, elle ne prit plus rien, et elle avoua même, en 1422, à quelques frères qui la visitaient que, depuis dix-huit ans, elle n'avait pris aucune nourriture et que, depuis vingt ans, à cause de ses infirmités, elle n'avait vu ni le soleil, ni la lune, et n'avait pas foulé la terre de son pied.

Saint Joseph de Cupertino, étant devenu prêtre, resta cinq ans sans manger de pain et dix ans sans boire du vin, se contentant d'herbes, de fruits secs et de fèves... Ses jeûnes étaient à peu près continuels; car, à l'exemple de saint François, il faisait sept carêmes de quarante jours dans l'année et, pendant tout ce temps, il ne prenait rien, si ce n'est le dimanche et le jeudi.

Sainte Angèle de Foligno trouva, pendant douze ans, dans l'Eucharistie des forces suffisantes pour pouvoir se passer de toute autre nourriture. Il en fut ainsi de sainte Colombe de Riéti, qui ne prenait rien autre chose pendant tout le Carême; de l'évêque saint Mocdoc, qui, une fois, pendant quarante jours, vécut seulement de la sainte Eucharistie et qui, après ce temps, parut à ses disciples plus fort qu'auparavant. A Norfolk, dans le Nord de l'Angleterre, vivait une sainte fille que le peuple avait nommée Jeanne Maltes, c'est-à-dire *sans nourriture*, parce que, pendant quinze ans, elle n'avait pris que l'Eucharistie. La sœur Louise de la Résurrection, en Espagne, vécut ainsi plusieurs années. Il en fut de même de sainte Colette, d'Hélène Encelmine, qui rendait par le nez toute autre nourriture, des abbés Ebrulpt et Faustin, de Pierre d'Alcantara et de beaucoup d'autres, particulièrement chez les Pères du Désert.

III

Si l'on a recours à l'histoire profane, les exemples sont moins nombreux, il est vrai, mais beaucoup plus concluants pour les personnes qui se défient des exagérations propres aux légendes.

Le travail le plus ancien que je connaisse sur ce sujet est un livre (pet. in-8°) publié à Mayence, en 1542, sous le titre :

De Puella quæ sine cibo et potu vitam transigit brevis narratio, teste et autore Gerardo Bucoldiano physico regio. — Moguntiæ, apud Divum Victorem ; excudebat Franciscus Behem.

Il relate le cas d'une jeune paysanne, Marguerite Weiss, de Roth près Spire, qui, depuis l'âge de 10 ans, ne mangeait ni ne buvait, sans en être autrement incommodée. L'auteur cite comme précédent le cas d'une jeune fille de Commercy, en Lorraine, qui, après sa première communion, à l'âge de 12 ans, en 1328, cessa de prendre aucune nourriture et resta dans cet état trois ans, terme après lequel elle mangea et but comme tout le monde; c'est ce qu'il espère voir arriver pour Marguerite, sa cliente.

L'auteur aurait pu citer également le cas suivant rapporté dans le *Chambers Book of Days* (vol. 1, p. 551). En l'an 1357, le 25 avril, Edouard III, roi d'Angleterre accorda sa grâce à la femme Cécilia, épouse de John de Rygeveway, qui avait été enfermée dans la prison de Nottingham pour le meurtre de son mari. La grâce était motivée sur ce que cette femme s'était volontairement abstenue, depuis son incarcération, de nourriture et de boisson, ce qui fut rapporté au roi par des témoignages dignes de foi et considéré comme un miracle.

Une brochure de 28 pages, publiée à Paris, par de Roigny, en 1586, contient l'*Histoire admirable et véritable d'une fille champestre du pays d'Anjou, qui a été quatre ans sans user d'autre nourriture que d'un peu d'eau.*

En 1604, parut à Berne un petit in-8° intitulé: *Historia admiranda de prodigiosâ Appolloniæ Schreiræ virginis in agro Bernensi inediâ, a Paullo Lentulo, med. doct.*, etc. « Le texte de Lentulus, dit M. Charles Richet, est accompagné d'une planche où la jeune Apollonie, une hystérique assurément, est étendue sur son lit de jeûne, presque sans voiles; malgré l'absence d'alimentation, elle ne paraît pas trop décharnée. Il paraît qu'on a fait une sorte d'enquête pour s'assurer qu'il n'y avait pas, dans la prolongation de son abstinence, quelque supercherie, et on a essayé de constater la réalité du jeûne. Ce qui prouve qu'il s'agissait bien là de phénomènes hystériformes, c'est l'état de semi-aliénation où était Apollonie et l'absence complète de sommeil. A quelque heure de la nuit ou du jour qu'on arrivât pour la voir, on la trouvait éveillée. — Après ce récit merveilleux, il y en a d'autres: *De puella Spirensi, De puella Heidelbergensi, De Puella Coloniensi, De episcopo Spirensi, De puero œstatico Aldenburgensi.* — Ces histoires sont fort amusantes; mais ceux qui les rapportent sont tellement dénués de critique scientifique qu'on ne peut vraiment ajouter grande foi à ce qu'ils disent. »

Dix ans après, Licetus faisait imprimer à Padoue une dissertation analogue sous le titre : *De his qui diû vivunt sine alimento.*

Les docteurs La Provanchère et Montsainct ont écrit avec détails, en 1616, l'histoire d'un enfant de 10 ans, né à Vauprofonde, près de Sens, et qui est resté cinq années consécutives sans boire ni manger, avaler ou sucer quoi que ce soit. (Sens, 1616.)

En 1618, un gentilhomme provençal, nommé Jean de Puget, qui paraît avoir été à moitié fou, vint à Blois et demanda à voir la reine-mère pour lui confier des secrets d'une haute importance qui lui étaient inspirés par Dieu ; et comme preuve de sa mission, il affirmait qu'il pouvait vivre sans manger ni boire autre chose qu'un peu d'eau sucrée qu'il prenait dans sa bouche et qu'il rejetait aussitôt. Il y eut à ce sujet une enquête, peu intéressante du reste, dont les originaux se trouvent en partie dans les archives du département de Loir-et-Cher et qui ont fait le sujet d'une brochure imprimée, en cette même année 1618, chez Abraham Saugrain sous le titre : *Histoire prodigieuse d'un Provençal présenté à la Reyne-Mère à Blois et qui vivait sans boire ni manger.*

« En 1684, un fou qui croyait être le Messie, voulant surpasser le jeûne de Jésus-Christ, s'abstint pendant soixante-douze jours de tout aliment; il ne but même pas d'eau; il ne fit que fumer et se rincer la bouche. Pendant cette longue abstinence, sa santé ne sembla éprouver aucune altération; il ne rendit aucun excrément. » *Dictionnaire des Sciences médicales,* t. IV, au mot *Abstinence.*)

En 1689, le libraire Jean Coste mit en vente, à Lyon, un volume in-8° intitulé: *Traité de Primerose sur les erreurs vul-*

gères de la médecine, avec des additions de M. de Rostagny.

Le chapitre III traite « de ceux qui peuvent vivre plusieurs mois et plusieurs années sans manger » et voici ce qu'on lit à la page 339 :

Albert le Grand assure avoir observé un homme mélancolique, qui véquit sept semaines en ne buvant qu'un peu d'eau, de deux jours l'un. Quelques graves auteurs rapportent avoir vu, en Espaigne, une fille qui était parvenue à l'âge de 22 ans sans prendre aucune nourriture que de l'eau pure. D'autres assurent la même chose d'une fille débauchée, en Languedoc, qui demeura trois ans sans manger. Selon des auteurs dignes de foi, il y en eut une autre dans Spire, en Allemagne, qui véquit aussi trois ans en assez bonne santé, ne vivant que de l'air qu'elle respirait. Le célèbre Conciliateur fait le récit d'une femme de Normandie qui demeura dix-huit ans sans manger, et d'une autre qui véquit trente-six ans de la même manière. Mais, ce qui est encore plus surprenant, c'est qu'au rapport d'Hermalao Barbaro, le pape Léon X et plusieurs princes firent observer, sous bonne et fidèle garde, un prêtre dans Rome qu'on disait ny manger ny boire. Et, en effet, on le garda à veüe d'œil durant plusieurs années sans lui avoir vu rien avaler quoi que ce fût et qu'il passa de la sorte quarante ans.

Les Mémoires de l'Académie des sciences rapportent un cas intéressant.

En 1751, une fille des environs de Beaune, âgée de 10 ans 1/2, fut atteinte d'une fièvre dans laquelle elle refusa tous les remèdes et ne voulut ou ne put avaler que de l'eau fraîche; à cette fièvre succéda un mal de tête qui l'obligeait à sortir de son lit et à se rouler par terre. Dans un de ces accès, elle fut prise d'une syncope si longue qu'on la crut morte. Revenue à elle-même, elle perdit peu à peu l'usage de ses membres et de la parole, mais il lui resta les sens de l'ouïe, de la vue et du toucher. Sa raison demeura intacte, et elle en faisait usage pour faire connaître ses désirs au moyen de sons inarticulés. Ces sons furent d'abord au nombre de deux, un qui approuvait, l'autre qui désapprouvait. Elle parvint par la suite à en augmenter le nombre; successivement, elle put y joindre quelques mouvements de mains qui se multipliaient avec les sons. Elle ne vivait que d'eau en petite quantité; son ventre était affaissé; en y portant la main, on touchait les vertèbres; cette partie et les extrémités inférieures conservaient la sensibilité, sans jouir de la contractilité. L'œil était vif, les lèvres vermeilles, le teint assez coloré; le pouls avait de la force et battait avec assez de régularité. Peu à peu, la malade avala une plus grande quantité d'eau. Un médecin ayant essayé de lui faire avaler de l'eau de veau à son insu, elle la rejeta

avec de violentes convulsions. Trois ans environ après le début de
sa maladie, elle éprouva un jour une soif extrême et fit de grands
efforts pour demander de l'eau; la parole lui revint dès cet instant.
Elle en conserva l'usage qui augmenta sensiblement. Les évacuations
alvines étaient totalement supprimées. La malade commença à reprendre l'usage de ses bras; elle fila, s'habilla, se servit de deux béquilles avec lesquelles elle s'agenouillait, ne pouvant encore faire
usage de ses jambes. Vers l'âge de 15 ans, l'appétit revint à la
malade et tous les accidents disparurent les uns après les autres.
Elle marcha sans béquilles et mangea comme une personne en bonne
santé, « après avoir été pendant quatre ans sans pouvoir prendre
autre chose que de l'eau. »

De 1760 à 1764, on vit à Châteauroux, près d'Embrun, un
enfant qui passa quatre ans et quelques jours sans manger
ni boire. Ce jeune homme s'appelait Guillaume Gay; il était
âgé de 10 ou 11 ans lorsqu'il cessa tout à coup de prendre
aucune nourriture; son corps devint comme un squelette,
mais lorsque, après quatre ans, il recommença à se nourrir,
il se trouva en peu de temps aussi développé et aussi robuste
que les autres jeunes gens de son âge. Parmi les innombrables personnes qui ont attesté ce fait extraordinaire, on
compte M#gr# Fouquet, archevêque d'Embrun, et l'intendant du
Dauphiné. L'intendant, soupçonnant quelque supercherie de
la part des parents, fit même garder l'enfant à vue pendant
plusieurs jours. — Ce fait est rapporté par la plupart des
chroniqueurs dauphinois.

Le 21 octobre 1767, un médecin écossais, le docteur Mac-
kensie, visita une fille âgée de 33 ans, nommée Janet Macléod,
au sujet de qui il rédigea les rapports suivants qui ont été
insérés dans les *Transactions philosophiques.*

A 15 ans, cette fille avait eu une forte attaque d'épilepsie; quatre
ans après, elle éprouva une seconde attaque, fut tourmentée par une
fièvre qui dura plusieurs mois. Pendant cet intervalle, elle perdit
l'usage des paupières et se trouva réduite à soulever ces parties
avec les doigts pour faire quelque usage de sa vue. L'évacuation
périodique fut remplacée par un crachement de sang et un saigne-
ment de nez.

Il y a environ cinq ans, Janet Macléod eut une nouvelle attaque
fébrile; depuis lors, couchée, réduite à une sorte de végétation très

peu active, elle parla très rarement et ne demanda plus de nourriture.

Pendant quatre ans on ne lui a vu avaler qu'une cuillerée d'eau médicamenteuse et une pinte d'eau simple; elle n'a eu aucune évacuation par les selles ou par les urines; la transpiration a été presque nulle. Le pouls, que j'ai eu quelque peine à trouver, est distinct et régulier, lent et excessivement faible; le teint est bon et assez frais; les traits ne sont ni défigurés ni flétris; la peau est naturelle, ainsi que la température; et, à mon grand étonnement, lorsque j'ai examiné le corps, que je présumais devoir être une espèce de squelette, j'ai trouvé la gorge proéminente comme celle d'une jeune femme bien portante, les bras, les cuisses et les jambes nullement amaigris, l'abdomen un peu enflé et les muscles tendus. Les genoux sont pliés, les talons touchent presque le derrière; lorsqu'on lutte avec la malade pour mettre un peu d'eau dans sa bouche, on observe quelquefois de la moiteur et un peu de sueur sur sa peau. Elle dort beaucoup et fort tranquillement; mais, lorsqu'elle est réveillée, on l'entend se plaindre continuellement comme le fait un enfant nouveau-né et elle essaie quelquefois de tousser. Aucune force ne peut maintenant séparer les mâchoires. J'ai passé le petit doigt par l'ouverture de ses dents et j'ai trouvé la pointe de sa langue molle et humide; il en est de même de la partie interne de ses joues. Elle ne peut rester un moment sur son dos et tombe toujours d'un côté ou de l'autre. Sa tête est courbée en avant comme dans l'affection nerveuse appelée *Emprosthotonos;* on ne peut la relever.

Cinq ans après, en octobre 1772, le docteur visita de nouveau la malade. Il apprit qu'elle avait commencé à manger et à boire. Voici les nouveaux détails qu'il donne :

Environ une année avant cette dernière date, les parents, revenant un jour de leurs travaux des champs, furent extrêmement surpris de trouver leur fille, qu'ils avaient laissée au lit dans la position où elle était couchée depuis plusieurs années, assise à terre et filant avec la quenouille de sa mère. Je demandai si elle mangeait ou buvait, si elle avait quelquefois des évacuations naturelles. On me répondit qu'elle émiettait de temps en temps dans la paume de sa main un morceau de pain d'orge, comme on le fait pour donner aux petits poussins, et qu'elle introduisait une des miettes dans sa bouche où elle la promenait avec sa langue; qu'elle suçait ensuite un peu de lait ou d'eau dans le creux de sa main; qu'elle faisait cela une ou deux fois par jour, et même seulement lorsqu'on l'y obligeait; que ses évacuations étaient proportionnées à ce qu'elle avalait; qu'elle n'essayait jamais de parler; que ses mâchoires étaient encore serrées, ses jarrets aussi tendus qu'auparavant et ses yeux toujours fermés. En soulevant ses paupières, je trouvais que l'iris était tourné en haut vers le bord de l'os frontal. Son teint était pâle; sa peau ridée et sèche et tout son corps amaigri.

On ne trouvait son pouls qu'avec la plus extrême difficulté. Elle paraissait sensée et traitable sur tous les articles, excepté sur celui de la nourriture; car, à ma demande, elle fit ces divers exercices : elle fila, elle se traîna sur son derrière autour des murs de la chambre en s'aidant de ses mains; mais lorsqu'on la priait de manger, elle témoignait la plus grande répugnance; elle pleurait même avant de céder et, lorsqu'elle obéissait enfin, elle ne prenait qu'une miette de pain et une demi-cuillerée de lait, comme on l'a dit tout à l'heure. A tout prendre, son existence ne paraissait guère moins extraordinaire cette fois que dans ma première visite à l'époque où, pendant plusieurs années, elle n'avait pas avalé la moindre particule. J'attribuai son amaigrissement et son teint hâve, en un mot le changement de son apparence, à ce qu'elle dépensait trop de salive en filant du lin, et je recommandai en conséquence qu'on la bornât à filer de la laine, qu'elle filait avec autant de dextérité que le lin.

En 1790, plusieurs savants de Genève étudièrent une jeune fille des environs, nommée Joséphine Durand, qui, à la suite de plusieurs infirmités et maladies, était arrivée à vivre à peu près sans boire et sans manger; du moins, elle avait été pendant quatre mois sans prendre aucune nourriture, ni liquide, ni solide. Ses mâchoires étaient convulsivement serrées et s'opposaient à l'introduction de toute espèce d'aliment; l'arrachement d'une dent avait ouvert seul une voie à une petite quantité de liquide qu'on faisait pénétrer avec peine, et à des époques très éloignées les unes des autres. L'action du système digestif s'était éteinte graduellement ; l'aveuglement était survenu et une double paralysie avait privé de toute sensibilité et de tout mouvement les parties inférieures du corps depuis le diaphragme, à l'exception du gros orteil, qui jouissait encore d'une faible contractilité.

Voici quelques extraits du rapport que ces savants firent insérer dans la *Bibliothèque britannique*.

Notre première visite eut lieu le 29 juin de cette année 1790. Nous nous rendîmes avec M. Albert au village de Lamothe, situé à une petite lieue au Sud de celui de Viri, dans la pente méridionale du mont de Sion.

Personne dans la maison qu'habite Joséphine Durand ne s'attendait à nous voir, et cette surprise était dans nos intentions; nous entrâmes de suite dans la chambre qu'elle occupe et nous nous assîmes auprès du lit de misère sur lequel elle est depuis plus de quatre ans, couchée sur le dos, dans la même attitude. Elle reconnut à l'instant son chirurgien au son de sa voix et parut lui savoir beaucoup de gré de sa visite.

Là, nous commençâmes une suite d'observations et de questions auxquelles elle répondait avec beaucoup de justesse et de complaisance. Elle parle assez distinctement quoique sa mâchoire soit serrée depuis longtemps; mais elle parle toujours à voix basse, c'est-à-dire des lèvres et de la langue seulement, sans que la glotte fasse aucune vibration ni que le larynx entre pour rien dans la production des sons.

Nous nous attendions à contempler en quelque sorte un squelette en considérant cet être infortuné et nous fûmes très surpris de trouver à son visage un embonpoint à peu près ordinaire. Nous le fûmes davantage lorsqu'en considérant ses extrémités inférieures, frappées depuis longtemps de la double paralysie du sentiment et du mouvement et que nous croyions atrophiées, nous leur trouvâmes une consistance musculeuse et une chaleur naturelle; et quoiqu'elle n'ait aucun sentiment à la surface de la peau depuis les côtes jusqu'aux pieds, elle se plaint souvent de la sensation de froid dans ses extrémités inférieures. Sa peau était moite; son pouls était égal et plus élevé qu'on aurait pu le présumer d'après son état; il faisait 88 à 90 pulsations dans la minute. Elle tient ses bras hors du lit et n'en a point perdu l'usage; nous la priâmes de nous serrer la main pour juger de sa force, qui nous parut peu considérable.

Son teint n'est ni livide ni d'une pâleur extraordinaire; la peau de son abdomen est fortement déprimée et se rapproche beaucoup de la colonne vertébrale...

Ses paupières sont paralysées... elle a l'odorat très fin... elle a l'ouïe très fine...

Quoiqu'elle ne fasse depuis longtemps que peu ou point d'usage de l'organe du goût, il paraît que cet organe s'est conservé chez elle. Chaque fois qu'elle a essayé d'introduire quelque aliment par l'ouverture que forme sa dent arrachée, elle a toujours éprouvé la sensation des saveurs dans sa perfection. Ses dents sont d'ailleurs très blanches et sans tuf; son haleine est sans odeur et l'intérieur de ses lèvres est légèrement humecté.

Son tact s'est singulièrement perfectionné depuis qu'elle a perdu l'usage de la vue; elle reconnaît fort bien au toucher diverses pièces de monnaie en cuivre et en argent.

Ses facultés intellectuelles n'ont pas souffert la moindre altération,. malgré celle de ses organes : sa mémoire en particulier est extrêmement fidèle... elle dort quelquefois et son sommeil est souvent accompagné de songes.

Le caractère moral de cette créature malheureuse inspire un vif intérêt et une véritable admiration. Sa patience et sa résignation sont extrêmes, comme ses maux l'ont été.

Gisante depuis quatre ans, couchée sur le dos dans la même attitude, tourmentée de douleurs et quelquefois de la faim et de la soif pendant des intervalles qui durent souvent plus d'un mois, réunissant en quelque sorte dans sa personne l'abrégé de toutes les misères, elle ne voulait pas que nous la plaignissions; elle cherchait à nous prouver qu'il y avait beaucoup de gens peut-être encore plus malheureux qu'elle.

Elle fit, à notre demande, l'essai d'avaler environ une demi-cuillerée d'eau pure; expérience qui la fatigue et l'incommode toujours plus ou moins. On fit couler le liquide par l'ouverture de la dent; la déglutition en parut difficile et douloureuse et sa présence dans l'estomac occasionna dans l'instant une convulsion qui repoussa toute l'eau au dehors. Cette expérience fut suivie d'une sorte d'angoisse qui dura plus d'un quart d'heure en diminuant par degré.

Le père, la mère, l'oncle et une sœur cadette de la malade étaient dans la chambre, et allaient et venaient pendant notre visite. Ce sont de bons paysans qui paraissent à leur aise et qui n'acceptent jamais rien des personnes que la curiosité conduit chez eux. Nous leur fîmes diverses questions sur son état habituel ; voici les informations que nous reçûmes.

Ils affirment tous qu'elle vit sans boire ni manger et qu'elle n'est sujette à aucune espèce d'évacuation. Lorsqu'elle a longtemps lutté contre la soif, elle se résout enfin à avaler une demi-cuillerée d'eau qui ressort à l'instant, mais dont le contact passant dans l'œsophage apaise jusqu'à un certain point le besoin qui la tourmente.

A l'époque de notre visite, il y avait environ quinze jours, nous dit-on, qu'elle n'avait avalé d'eau et elle ne se plaignait pas de la soif. Elle est quelquefois deux ou trois mois sans ressentir ce besoin.

Nous avons appris que, rigoureusement attachée aux pratiques de la foi catholique, elle communie assez fréquemment, environ une fois le mois. Elle reçoit alors un fragment d'hostie tel qu'il peut passer par l'ouverture de sa dent arrachée, et la présence de cette petite quantité de solide dans l'œsophage ne paraît pas y exciter les mêmes convulsions que produit l'action du liquide.

On nous dit qu'il y avait trois ans et demi qu'on n'avait fait son lit, changé sa chemise. On change seulement son drap supérieur tous les deux mois... On n'éprouve cependant pas, ni dans la chambre qui est très petite, ni auprès de son lit, aucune mauvaise odeur. Elle répugne à changer de linge parce que la dernière fois qu'on fit cette opération, son dos était écorché et qu'une partie de sa peau resta attachée à sa chemise, ce qui accrut beaucoup les douleurs de la situation. Elle demeure constamment couchée sur le dos, et ses parents craignent de la remuer, de peur, disent-ils, de la casser en deux parce qu'il paraît que ses vertèbres sont ankylosées.

En 1829, en Amérique, un illuminé nommé Reuben Kelsey, âgé de 87 ans, déclara un jour qu'il ne voulait plus prendre de nourriture. Son jeûne commença le 2 juillet. Pendant les six premières semaines, il se rendait tous les matins à la fontaine, se lavait la figure et la tête et prenait quelques gorgées d'eau. Le onzième jour de son jeûne, il déclara ne s'être jamais trouvé aussi bien, ni aussi fort depuis longtemps. Pendant les quarante-deux premiers jours, il faisait quotidiennement une promenade à pied et passait une partie de la journée dans les bois. A partir de ce moment, ses forces commencèrent à décliner et il mourut, le 24 août, après avoir passé cinquante-trois jours sans prendre de nourriture. Sa peau était toute noire et son aspect horrible.

Le docteur Fournier dit, dans son *Dictionnaire des Sciences médicales*, qu'il a connu à Paris un écrivain distingué restant parfois des mois entiers sans prendre autre chose que des boissons émollientes, tout en vivant comme tout le monde.

Il y a quelques années, un aliéné du service du docteur Simons, dans un asile d'Allemagne, est resté douze jours sans prendre aucun aliment, pas même de l'eau. Le douzième jour, il commençait à être affaibli et à avoir des syncopes. Son état de faiblesse l'empêchant de faire beaucoup de résistance, on lui ingurgita, par la sonde, du lait et des œufs crus. Le lendemain, il se remit à manger. Les organes n'avaient été nullement altérés par une si longue inanition. Il avait perdu 14 kilogrammes de son poids, ce qui fait 1 kilogramme et 1 seizième par jour. Dans les cas analogues, mais le sujet n'étant pas privé d'eau, la perte est ordinairement d'un demi-kilogramme par jour.

En 1896, les journaux scientifiques parlèrent beaucoup d'une femme de 45 ans, Zélie Bourion, veuve Gassou, qui, à cette époque, n'avait, dit-on, pris aucune nourriture depuis neuf ans.

Cette femme, originaire de la Verrerie, petit hameau d'une centaine d'habitants de la commune de Paussac-et-Saint-Vivien, avait perdu, en quelques années, son mari et ses quatre enfants. A la suite de ses malheurs, elle prit une maladie nerveuse et cessa de boire et de manger ; elle avait alors

35 ans. Le docteur Lafont la décida à entrer à l'hôpital de Bourdeilles, le 9 mars, et elle en sortit le 12 juillet. Pendant cette période de cent vingt-cinq jours, où elle fut soumise à une étroite surveillance, on constata qu'elle n'avait pris, à de longs intervalles, d'autres aliments qu'un peu d'eau panée qu'elle rejetait immédiatement.

Un journaliste, qui était allé la voir à l'hôpital, donnait les détails suivants :

C'est une grande femme brune, maigre, sèche, aux yeux noirs très brillants, à la voix forte, un peu criarde (fig. 1).

Je l'ai vue dans la chambre où le docteur Lafont l'a placée en observation sous la surveillance des religieuses ; cette pièce, dépendance de l'hôpital, est très sommairement meublée : un lit de fer, une table de nuit, une chaise et une grande table. Dans un tiroir de cette table, on a placé quelques morceaux de sucre et une épaisse tranche de pain renouvelée chaque jour. Les morceaux de sucre sont comptés, le pain pesé minutieusement matin et soir. Depuis le 9 mars, jour de l'entrée à l'hôpital de Zélie Bouriou, il n'a pas manqué une miette de l'un, pas une parcelle des autres.

Quoique notre héroïne ait, comme on dit, la langue bien pendue, je n'ai pas pu en tirer grands renseignements; elle ne parle, en effet, que le patois périgourdin et comprend à peine le français.

Les détails ne m'ont pas manqué cependant sur cette singulière femme, dont tout le pays connaît l'histoire et dont le jeûne, vrai ou simulé, défraie depuis plus de huit ans toutes les conversations. Voici ce qu'on m'a raconté sur Zélie Bouriou :

Mariée à un petit cultivateur, Guillaume Gassou, qui était sacristain de sa paroisse, elle avait eu quatre enfants, tous morts aujourd'hui. Il y a quelques années, elle donna des signes évidents d'aliénation mentale, fut en proie à de fréquentes hallucinations.

Elle raconta, entre autres visions, que Dieu lui était apparu et lui avait montré Guillaume Gassou mêlant du poison aux aliments de sa femme et de son beau-père. Peu de temps après, le père Bouriou mourut; sa fille fut convaincue qu'il avait été empoisonné par son mari. C'est à peu près à cette époque que remonte le commencement de son jeûne.

Elle revint à la raison, perdit son mari, mais continua à ne prendre aucun aliment; c'est, du moins, la conviction de tous ceux qui l'ont connue depuis bientôt neuf ans. Il n'est pas un boulanger, pas un boucher, pas une fermière qui lui ait fourni, depuis cette époque, la moindre quantité de pain, de viande ou de lait. Elle allait fréquemment en journée pour aider aux travaux des champs ou pour laver du linge. A l'heure des repas, quand les autres femmes se mettaient à table, elle se reposait, refusant obstinément toute nourriture.

Fig. 1. — Zélie Bouriou,
la jeûneuse de Bourdeilles.

Zélie Bouriou a, dans son village et dans les environs, des parents,
des amis, des ennemis même; personne n'a pu la prendre en flagrant
délit de mensonge : tout le monde est convaincu qu'elle jeûne réelle-
ment! De là, deux légendes contradictoires : l'une mise en circulation par un curé du pays, qui voyait dans la veuve Gassou une
bienheureuse, une sainte choisie par Dieu pour un miracle; l'autre
qui représentait la jeûneuse comme possédée du diable. Quelques
sceptiques se contentaient de nier, sans preuves du reste, ce jeûne
invraisemblable, mais ils étaient en infime minorité.

Le séjour de Zélie Bouriou à l'hôpital de Bourdeilles s'est passé sans incidents. Malade pendant quelques jours de l'influenza, elle est à présent complètement remise. Elle a repris toute son animation, toute sa vivacité. L'attention dont elle est l'objet ne paraît pas l'importuner, il s'en faut. Elle parle (toujours en patois) de son jeûne avec une certaine fierté et répète, lorsqu'on lui demande les motifs de son abstinence : « Je ne pourrais pas avaler seulement gros comme cela d'aliments » et elle montre la tête d'une épingle.

Pendant que j'étais près d'elle, une marchande de gâteaux est venue se mêler aux curieux et a fait passer sous les yeux de la jeûneuse ses croquets les plus appétissants, ses pains d'épices, et lui a demandé si elle n'en désirait pas.

— Non! a répondu Zélie. Ah! si j'avais encore mes pauvres enfants, je vous en prendrais pour eux.

Et les larmes lui sont venues aux yeux à ce souvenir. Presque aussitôt après, du reste, avec une surprenante mobilité, elle redevenait gaie et se remettait à jaser avec les visiteurs.

A voir bavarder cette femme aux pommettes roses, aux lèvres colorées, on ne croirait pas se trouver en présence d'un être privé de toute nourriture depuis plusieurs années peut-être, en tout cas depuis deux semaines sûrement, jeûne suffisant d'ordinaire pour anémier les plus robustes.

A l'en croire, d'ailleurs, ce n'est pas le sang qui manque à Zélie Bouriou; elle ne trouve, en effet, rien de mieux pour dissiper les maux de tête dont elle est parfois atteinte que de se faire aux gencives de fortes piqûres avec des aiguilles. A la suite de ces saignées, elle se déclare complètement soulagée. Tout cela est bien étrange!

La même année, on signalait deux autres jeûneuses.

L'une à Belle-Isle-en-Mer, Mlle Marie-Josèphe Seveno, qui, elle, n'aurait rien pu avaler depuis vingt ans. Elle préparait les repas de sa famille; mais, au moment où l'on se mettait à table, elle se bornait à regarder manger les siens.

L'autre, Mme Ingham, de Laporte (Michigan, Etats-Unis), venait d'atteindre le deux cent troisième jour de son dernier jeûne. Suivant le *Courrier des Etats-Unis*, cette dame était sujette à de longs accès de catalepsie pendant lesquels elle restait sans nourriture. « Vers 1881, elle a passé trois cent soixante jours, presque une année, sans manger. Pendant ces intervalles de temps, elle a quelques moments de lucidité, mais elle ne prend aucun aliment. Avant son dernier jeûne, elle pesait 105 kilogrammes, tandis qu'après deux cent trois jours de jeûne, son poids s'est abaissé à 38 kilogrammes, ce qui donne une consommation de ses tissus d'environ 330 grammes par jour. »

En 1900, M. Gaston Méry écrivait, à propos d'un article paru sur la dormeuse de Thenelles, dont il sera question dans le chapitre II:

Je connais une autre femme, dont on ne parle jamais, et dont le « cas », qui dure également depuis dix-sept ans, ne me paraît pas moins extraordinaire que celui de la dormeuse de Thenelles.

On pourrait l'appeler « la jeûneuse d'Hottot », du nom du joli village normand où elle habite à deux pas de Caen. Marguerite Bouyenval dort toujours, mais elle mange. Rose Savary, au contraire, ne dort jamais, mais elle ne mange pas.

Rien n'effacera en moi le souvenir de l'entretien que j'eus avec cette jeûneuse — qui est, en même temps, une sainte...

La voiture qui m'amena s'arrêta devant une forge qui, parmi les façades des maisons blanches et toutes luisantes de soleil, faisait un trou noir au fond duquel on apercevait des ombres qui s'agitaient dans des lueurs.

Un des forgerons vint à ma rencontre et me conduisit au fond d'une cour, entourée d'une haie fleurie. Là, debout sur le seuil d'une petite chaumière tout habillée de fleurs grimpantes, une paysanne en bonnet m'accueillit. Elle me fit traverser une pièce carrelée, dans laquelle une petite vieille, près de la cheminée, faisait marcher un rouet.

Puis elle ouvrit une porte, et je me trouvai dans une chambre étroite, éclairée seulement par une petite fenêtre aux rideaux demi-clos.

Dans une sorte d'alcôve, Rose Savary, étendue sur son lit, me salua d'un sourire de ses yeux.

Ce fut comme une vision dont je garde une impression d'une douceur infinie, l'impression d'un visage blanc, blanc d'ivoire, blanc de lys, blanc de neige, plus blanc encore sous le bandeau noir des cheveux, mais non pâle... La pâleur peut avoir sa grâce, mais c'est une grâce toute physique. Le visage de Rose Savary n'est pas pâle; il est blanc. Il est le reflet, à travers la chair diaphane, d'une âme absolument pure...

Les mains longues et fines, presque transparentes, étaient croisées sur la poitrine. Et toujours les yeux souriaient, des yeux expressifs, voilés de longs cils, au fond desquels scintillait une petite flamme lointaine.

Oppressée, la jeûneuse, d'une voix éteinte, me disait sa vie.

Elle a 42 ans. Je ne lui en supposais pas plus de 28. Depuis 1883 elle est couchée. C'est à se demander si le temps, pour elle, n'a pas cessé de couler depuis cette époque et si, lorsqu'elle guérira, elle ne reprendra pas son existence à l'âge qu'elle avait quand elle tomba malade.

De quoi souffre-t-elle? C'est une sorte d'arrêt des fonctions de l'estomac. Elle ne peut rien digérer.

Ce qui est horrible, c'est que, parfois, elle éprouve la sensation de la faim.

— Ces jours-là, me disait la paysanne en bonnet, nous sommes au désespoir. Car, que faire? Si nous cédons à ses prières, à peine a-t-elle avalé ce que nous lui avons donné que ses souffrances augmentent et la torturent affreusement.

Une fois, cette sensation de faim devint si intense et les supplications de la malade furent si instantes qu'on n'eut pas le courage de résister. On lui donna une fraise dans un peu d'eau sucrée. Deux jours plus tard, après une recrudescence de douleur, Rose rendit la fraise absolument intacte.

Dans les premières années de sa maladie, la jeûneuse fut conduite à Paris, où de grands médecins l'examinèrent et tentèrent de la guérir. Leurs efforts restèrent sans résultat. On la ramena alors à Hottot et, depuis ce temps, elle n'a pas bougé du lit aux rideaux blancs, moins blancs que son visage...

Rappelons encore que dans beaucoup de maladies, notamment dans l'anorexie nerveuse, qui survient surtout chez les jeunes filles, les malades sont absolument sans appétit et restent quelquefois plusieurs mois sans manger ou en ne mangeant presque rien.

Le docteur Bonheur a soigné, pour des vomissements incoercibles, une jeune fille qui avait de l'appétit, mangeait et buvait, mais vomissait instantanément tout ce qu'elle prenait. Pendant plus d'un an, on ne pouvait dire de quoi elle vivait; cependant, malgré sa maigreur, elle avait continué de mener la vie ordinaire, conservant des apparences hors de proportion avec son jeûne involontaire, et elle finit par guérir, à la suite d'un voyage prolongé.

Le bureau de statistique du gouvernement de Pskov, en Russie, signale dans son rapport de l'année 1898, un procédé qu'emploient les paysans de cette contrée pour résister aux disettes fréquentes dont ils sont les victimes.

Ce procédé s'appelle la *lëjka* ou le couchage (du verbe *lëja,* être couché) et est ainsi décrit:

A peine le chef de famille s'aperçoit-il, vers la fin de l'automne, qu'une consommation normale de sa provision de blé ne le mènera pas jusqu'à la fin de l'année agriculturale qu'il prend des dispositions pour en diminuer fortement la ration. Mais, sachant par expérience que, dans ce cas, il lui sera difficile de conserver à leur hauteur normale sa santé et surtout la force physique nécessaire pour les travaux du printemps, il se plonge, lui et sa famille, dans la *lëjka*, c'est-à-dire que, tout simplement, tout le monde va rester couché sur le poêle pendant quatre ou cinq mois, se levant seulement pour chauffer la hutte ou pour manger un morceau de pain trempé dans de l'eau; il tâche de remuer le moins possible et de dormir le plus qu'il peut. Allongé sur son poêle, conservant la plus complète immobilité, cet homme n'a qu'un seul souci, celui de dépenser le moins possible de sa chaleur animale; pour cela, il tâche de moins manger, de moins boire, de moins remuer, en un mot, de moins *vivre*. Chaque mouvement superflu doit fatalement se répercuter dans son organisme par une dépense superflue de chaleur animale, ce qui, à son tour, appellera nécessairement une recrudescence d'appétit qui l'obligera à dépasser le minimum de consommation de son pain, minimum qui seul lui permettra de conserver sa provision de blé jusqu'à la récolte nouvelle. L'instinct lui commande de dormir, dormir et encore dormir. L'obscurité et le silence règnent dans la hutte où, dans les coins les plus chauds, hivernent, seuls ou enlassés, les autres membres de la famille.

La *lëjka* n'est pas un fait temporaire, passager ou accidentel, mais tout un système élaboré par une série de générations de paysans et parfaitement rationnel comme on va le voir.

IV

Malgré les nombreux faits de ce genre observés depuis des siècles et dont nous venons de rappeler les principaux, la science orthodoxe refusa longtemps d'accepter la possibilité d'un jeûne de plus de quelques jours.

Longet, qui professa pendant bien des années la physiologie à la Faculté de médecine de Paris, disait encore, dans la troisième édition de son cours, publiée en 1869:

Nous n'avons pas rapporté les cas d'abstinence prolongés pendant plusieurs jours, plusieurs semaines, plusieurs mois, plusieurs années. Nous croyons que, si l'on fait la part de l'exagération, *ces cas rares se réduisent à néant*. La faim est une fonction tout animale dans laquelle l'esprit ne joue aucun rôle; or, comme chez les animaux, la mort arrive fatalement en assez peu de jours dans les cas d'inanition[1], il nous paraît impossible qu'il en soit autrement chez l'homme.

Il fallut, non plus des observations, mais des expériences, pour vaincre cette résistance de l'enseignement officiel.

La première fut faite, en 1880, par un médecin anglais, domicilié à New-York, le docteur Tanner.

Il prit l'engagement de s'abstenir de toute nourriture pendant quarante jours et de ne boire que de l'eau pendant ce laps de temps.

L'expérience commença le 28 février. Pendant les quatorze premiers jours, le docteur ne prit rien, pas même de l'eau; il avait perdu 12 kilogrammes de son poids. Il se mit alors à boire de l'eau et, après quatre jours de libations aqueuses, il regagna 2 kilogrammes, qu'il reperdit bientôt.

Tous les jours, il dormait de seize à dix-huit heures.

Le samedi 7 avril, à midi, les quarante jours de jeûne étaient terminés; il avait conservé toute son intelligence et son activité. Il se mit à manger du lait, du melon, du vin, un beefsteak, et les digéra facilement.

Le poids total qu'il avait perdu était de 18 kilogrammes, et il avait absorbé 21 kilogrammes d'eau pendant la durée de son expérience[2].

Le docteur Tanner avait parié 5.000 dollars (25.000 francs) qu'il sortirait victorieux de l'épreuve. Il les gagna et son suc-

---

[1] On a vu (p. 8) que cela n'avait pas lieu pour tous les animaux. Charles Richet a montré que cette différence de résistance tenait surtout à l'activité du rythme respiratoire qui mesure l'intensité des combustions, de la production de chaleur et, par suite, des pertes que l'animal doit réparer. Il est clair que plus un animal a de surface, plus il se refroidit, et comme il offre d'autant plus de surface par rapport à son volume qu'il est plus petit, on comprend pourquoi la vie doit être beaucoup plus active chez les petits animaux que chez les grands. Le cheval respire 8 fois par minute, l'homme 16 fois, le lapin 40 fois, le cobaye adulte 80 fois, le petit cobaye encore davantage; pour les souris et les rats, on a peine à compter le nombre des respirations, tant elles sont précipitées. Or, chaque respiration entraîne une quantité notable d'eau par les poumons et, par suite, une perte de poids qui détermine la mort quand elle est suffisamment grande. Aussi voyons-nous les petits oiseaux constamment occupés à picoter, et on dit que les abeilles ont besoin de manger toutes les deux heures.

[2] Figuier, *Année scientifique*, 1880.

cès fit surgir immédiatement de nombreux imitateurs. Battlandier à Vesoul, Savonay à Alger, Alex. Jacques à Londres, Simon à Bruxelles, jeûnèrent plus ou moins longtemps et admirent, moyennant payement, le public à les contempler; mais les recettes furent maigres, et c'est à peine si l'on parla d'eux. Il en fut de même pour un Italien, Alberto Montazzo, qui avait offert de se soumettre à une expérience de six mois.

Deux autres Italiens, Succi et Merlatti, furent plus heureux et, s'ils ne s'enrichirent pas, ils devinrent au moins célèbres et eurent la satisfaction de se voir étudiés par des savants.

Succi était alors âgé de 35 ans. C'était un homme un peu maigre, de taille moyenne, le squelette et les muscles bien développés; tous les organes des sens fonctionnaient normalement et sa sensibilité générale, examinée avec l'esthésiomètre de Weber, ne présentait rien d'anormal. Dans sa famille, on n'avait jamais constaté de maladie nerveuse; ceux qui le connaissaient depuis son enfance déclaraient l'avoir toujours tenu pour un homme d'un cerveau bien équilibré. Cependant, comme il était d'un caractère vif et irritable et qu'il professait des théories peu d'accord avec les opinions vulgaires, il fut deux fois enfermé dans un asile d'aliénés, à Rome, et deux fois relâché au bout de peu de temps.

Il avait beaucoup voyagé, surtout en Afrique, et c'est dans un de ces voyages qu'il a commencé, en 1877, la série de ses jeûnes. Il eut les fièvres d'Afrique et s'aperçut, à ce moment, que certains sucs végétaux qu'il prenait pour combattre ces fièvres lui permettaient de s'abstenir de toute nourriture, tout en poursuivant ses excursions. (Je reviendrai (page 36) sur ce remède, qu'il appelait sa liqueur de Zanzibar.)

Il se soumit ainsi successivement à une vingtaine de jeûnes de plus en plus prolongés jusqu'en 1885, époque où il en fit un qui, dit-on, dura trente jours.

Il proposa alors, à Milan, de rester trente jours sans boire ni manger, en se faisant contrôler par des hommes de science. L'expérience eut lieu et le docteur Luigi Bufalini, membre de la commission de contrôle, a publié son rapport, dont nous extrayons les passages suivants:

On a nettement constaté qu'il n'y avait eu aucune supercherie.

Contrairement à ce qui se passe ordinairement dans les jeûnes prolongés, l'intelligence de Succi est restée lucide, son aptitude aux diverses occupations très complète et sa force musculaire égale à celle d'un homme qui se nourrit bien.

Succi a pris son dernier repas le 18 août 1886, à midi, et le soir avant de se coucher, il avala une certaine quantité de sa liqueur.

A partir de ce moment, il ne mangea plus rien, mais but en moyenne 850 grammes environ d'eau par jour[1]. Il en rejetait, par vomissement volontaire, environ 250 grammes, de sorte qu'en définitive il absorbait quotidiennement 600 grammes d'eau. La substance

---

[1] Pendant ses trente jours de jeûne, Succi a bu 7 kilogrammes d'eau de Vichy, 12 kilogrammes d'Hunyadi Janos et 16 kilogrammes d'eau pure. M. Gley a fait à ce sujet, dans la *Revue scientifique*, les observations suivantes :

« Bien des expériences ont démontré et tous les physiologistes admettent maintenant que la privation d'eau est pour beaucoup dans les graves désordres de l'inanition. Des grenouilles placées sous des cloches avec du chlorure de calcium (*anhydrisées*) meurent en présentant des troubles de la circulation et de la respiration (ralentissement des battements du cœur, dyspnée), des troubles de la sensibilité et des contractions tétaniques ; en même temps il se produit des altérations des globules rouges. Il est d'ailleurs incontestable que l'absorption d'eau permet de prolonger le jeûne. Déjà, mais sans l'établir définitivement, — car les résultats de ces expériences sur ce point ne furent pas toujours identiques, — Chossat avait entrevu le fait. Je puis, à ce sujet, citer une expérience toute récente, à laquelle il m'a été donné d'assister, et qu'il m'est permis de rapporter sommairement, expérience exécutée au laboratoire de physiologie de la Faculté de Médecine par M. Laborde. M. Laborde prend deux chiens de même poids et, le même jour, les soumet tous les deux à la diète absolue ; seulement le second peut boire de l'eau *ad libitum*. Or le premier chien mourut le vingt et unième jour du jeûne ; le *quarantième* jour, le second était bien vivant, très amaigri sans doute et offrant quelques symptômes inquiétants, mais alerte encore, répondant aux appels et aux caresses et le regard vif. Il buvait en moyenne environ 100 grammes d'eau par jour. L'expérience fut interrompue à ce moment, car M. Laborde voulait voir comment ce chien réparerait les pertes qu'il avait subies. Ce fait très simple, débarrassé de toute complication expérimentale, n'est-il pas des plus démonstratifs ?

« Notons enfin que, par l'absorption d'une certaine quantité d'eaux très riches en matières salines, comme l'eau de Vichy et l'eau d'Hunyadi, M. Succi se gardait contre les accidents très graves qui résultent de la privation des sels contenus dans les aliments solides. Ces accidents, on le sait, consistent surtout en des troubles profonds du système nerveux (*déminéralisation*). »

L'eau entre pour les deux tiers dans la composition de notre organisme. Elle s'élimine constamment par la peau, les muqueuses digestives et respiratoires, par le rein et diverses autres glandes ; il faut donc la remplacer incessamment et l'homme a besoin d'en absorber en moyenne trois litres par vingt-quatre heures. Une grande partie est fournie par les aliments ; le fromage en contient 370 p. 100, la viande, le poisson et les fruits 700, la salade 940 et le riz seulement 90.

vomie était constituée par un liquide à peine trouble et par un sédiment de mucus et de cellules épithéliales provenant des premières voies digestives.

La quantité d'urine émise chaque jour a été en moyenne de 408 grammes, jamais plus de 500 grammes.

L'urée excrétée a été scrupuleusement dosée tous les jours. Elle a été au minimum de 10 grammes quand Succi restait au repos, et au maximum de 29 grammes après des exercices violents.

Succi a eu trois évacuations par le rectum pendant son jeûne, le troisième, le dixième et le vingt-septième jour. Au dixième jour, les fèces contenaient des cristaux d'acides gras et de phosphaste tribasique, de la matière colorante, des cellules épithéliales de l'intestin et des fibres musculaires, reste évident du dernier repas. Les matières du vingt-septième jour ne comprenaient plus aucune trace de ces résidus d'alimentation.

Toutes les autres sécrétions ont été abolies. Succi n'a jamais transpiré, même après une course de sept kilomètres. Il ne s'est pas mouché et n'a pas craché pendant la durée de son jeûne.

La température moyenne a été de 37°, les respirations de 21 par minute, les pulsations de 71.

Succi pesait, au commencement de l'expérience, 64 k. 300; son poids a subi une diminution totale de 13 k. 100, soit de 441 grammes par jour [1].

Le 18 septembre, date à laquelle son jeûne s'est terminé, toutes ses facultés physiques et intellectuelles étaient absolument normales, malgré les exercices violents auxquels il s'était livré et qui paraissaient n'avoir entraîné aucune fatigue.

Les organes de la vision notamment étaient en aussi bon état le trentième jour du jeûne que le premier, ce qui est en contradiction avec tout ce que l'on enseigne sur la grande influence qu'exerce sur ces organes le fonctionnement stomacal et sur ce qu'on connaît des effets de l'irradiation sur la nutrition de la cornée et sur l'élasticité des tissus et, par suite, sur le mécanisme de l'accommodation.

Le docteur Bufalini conclut ainsi :

Un organisme qui, par défaut absolu de nutrition, ne reçoit ni carbone, ni azote, ni hydrogène, continue cependant à excréter jusqu'à la fin de l'acide carbonique, de l'eau, de l'acide urique, et cela aux dépens de sa propre substance. La régression organique se poursuit et la progression ne peut se faire, puisque les échanges molé-

---

[1] Les expériences de Chaussat ont montré qu'un animal soumis à l'inanition meurt, en général, quand il a perdu un quart de son poids initial, ce qui a lieu généralement dans un délai de quinze à dix-huit jours en moyenne. Succi n'aurait donc plus eu que 2 kilogrammes à perdre quand il a cessé son jeûne.

culaires ne s'accomplissent qu'à la faveur des albuminoïdes préexistants dans le sang et les humeurs parenchymateuses. Eh bien! chez Succi, on voit cette élimination urique se ralentir et le poids ne diminue que d'une façon minime (441 grammes par jour). Il est certain que la régression organique a été presque enrayée et l'échange moléculaire entre les albuminoïdes aboli.

Je ne puis m'expliquer des résultats si surprenants qu'en cherchant le secret du jeûneur dans son *grand sympathique*. Je crois que Succi a un système nerveux trophique tout à fait spécial et grâce auquel ce travail moléculaire intime de la nutrition peut être, sinon suspendu, du moins fortement diminué. Succi a vécu à ses dépens, mais il consomme très peu; telle est ma conclusion. Comme on le voit, j'admets une névropathie réelle portant sur le système ganglionnaire.

Un fait me paraît souverainement précieux pour appuyer ma thèse, celui qui a trait à l'intégrité de la vision. Si les cornées de Succi sont restées intactes, s'il a échappé aux troubles profonds qu'ont si exactement notés des observateurs comme Brett, Magendie et Chaussat, c'est que ses nerfs trophiques sont habitués à une consommation matérielle minime et ont pu continuer ainsi leurs fonctions.

Il y a évidemment chez cet homme comme une habitude de conservation qui lui permet d'assimiler beaucoup, de perdre fort peu et d'emmagasiner, pour ainsi dire, des provisions pour la disette.

Succi vint ensuite à Paris. Quand il eut, à grand'peine, après un mois de démarches, réussi à constituer un comité, son impresario, le chevalier Lamparti, l'exhiba d'abord dans un appartement de la rue Le Peletier, avec un tourniquet. L'entrée coûtait 2 francs la semaine et 1 franc le dimanche; malgré la modicité des prix, il n'y eut presque pas de visiteurs. Le malheureux passa alors à l'état d'annexe dans des établissements comme l'Olympia, l'Eden-Théâtre et les Montagnes russes, mais il n'eut pas plus de succès. C'est dans un de ces établissements que je l'ai vu et, comme j'étais à peu près seul avec lui, je pus causer assez longtemps. Il me parut très versé dans les sciences psychiques et d'un esprit parfaitement équilibré.

Tous ceux qui pouvaient s'intéresser, pour une raison ou pour une autre, à ce genre d'expériences s'étaient portés au Grand-Hôtel, où un peintre sicilien, Merlatti, s'était installé, à grand fracas, quelques jours auparavant, annonçant un jeûne de cinquante jours, sans l'absorption de la moindre liqueur et, de plus, amusant le public par ses saillies, tout en barbouillant des toiles pour charmer ses loisirs. C'est ainsi que les journaux du temps lui prêtèrent ce mot de la faim ou de la fin: « La splendeur de ce palais me fait oublier le mien. »

Il était, comme Tanner, très gros mangeur. Dans le dernier repas qu'il fit solennellement devant la foule assemblée, il dévora une oie grasse *avec son ossature tout entière,* un kilogramme environ de filet de bœuf, un kilogramme de légumes et, comme dessert, deux douzaines de noix, dont il croqua les coquilles.

On voit qu'il faisait ses provisions à l'intérieur [1].

En 1909, il y eut deux nouvelles expériences de jeûne faites dans un but scientifique: l'une en Angleterre, l'autre en Allemagne.

M. Penny, médecin anglais, s'est amusé à jeûner trente jours durant. Ce n'était point pour gagner un pari, ou pour s'exhiber à ses contemporains: il jeûna chez lui tout simplement, sans la moindre ostentation et pour voir de combien la privation d'aliments le ferait maigrir et diminuer de poids.

Tout le long de l'expérience, M. Penny observa son pouls, son poids, sa respiration et examina son sang. Le jeûne fut absolu: le sujet ne prenant que de l'eau distillée. Il occupa son temps à lire, à converser et à faire de l'exercice. Il passait de douze à quatorze heures au lit. L'exercice consistait en promenades à pied et à bicyclette: la marche était en moyenne de cinq kilomètres et demi; la course à bicyclette de huit kilomètres et demi.

M. Penny eut faim pendant les deux premiers jours seulement; après quoi cette sensation lui passa. Ce dont il s'est plaint le plus, c'est d'avoir froid, surtout aux pieds et aux mains.

Le trentième jour, le jeûne prit fin: le sujet absorba une

---

[1] L'action de vivre ainsi sur ses réserves est connue en médecine sous le nom d'*autophagie.* On en a des exemples curieux dans les bosses des chameaux et les fesses des Hottentotes, qui s'enflent dans l'abondance et se dégonflent dans la famine.

livre (livre anglaise de 453 grammes) de fruits, ce qui ne l'empêcha pas de perdre encore une livre de poids en dix-sept heures, en même temps qu'il se faisait une abondante expulsion d'urates.

La perte de poids du début à la fin de l'expérience avait été de 13 k. 137 grammes, soit de 438 grammes par jour.

A Berlin, Mlle de Serval, qui a fait de sérieuses études de médecine et qui considère la plupart de nos maladies comme dues à une nourriture trop abondante et trop irrégulière, s'est guérie de plusieurs infirmités par de courtes cures de jeûne rigoureux de deux à six jours en se contentant de boire de l'eau pure; elle estime que tout le monde (jeunes et vieux, malades et gens bien portants) devrait jeûner deux jours par semaine.

Afin de permettre aux médecins d'étudier les effets physiologiques de la faim, elle s'est enfermée volontairement plusieurs fois dans une cage vitrée de 3 mètres de longueur sur 2 m. 50 de largeur et 2 mètres de hauteur, hermétiquement fermée des quatre côtés. Les fenêtres de ventilation étaient tendues de toile métallique assez serrée pour empêcher l'introduction de la moindre miette de pain. Lors des essais faits à l'hôpital de la Charité de Berlin, on avait attaché à cette cage un appareil spécial pour analyser l'air expiré par le sujet. Malgré les conditions hygiéniques peu favorables d'une cage assez étroite pour empêcher tout exercice, toutes les fonctions physiologiques se maintenaient parfaitement normales. La perte de poids totale, pendant une expérience de vingt-quatre jours, n'était que de 7 kilogrammes, c'est-à-dire de 291 grammes par jour, chiffre inférieur, de moitié environ, à la perte de poids de Succi qui s'était, du reste, assuré une certaine réserve de force, avant de jeûner, par une alimentation particulièrement abondante.

Malgré la pâleur de sa peau, les médecins ont constaté, dans le cas de Mlle de Serval, une teneur du sang remarquablement constante en hémoglobine.

Quant à l'influence du jeûne sur la sécrétion du suc gastrique, les expériences du docteur Rütimeyer, de Bâle, ont permis de constater ce qui suit: l'estomac qui, avant le jeûne, sécrétait du suc normal ne contenait, après un jeûne de vingt-quatre jours, qu'une faible quantité de liquide glaireux; immédiatement après le stimulant d'un premier repas, il s'est cependant mis à sécréter de nouveau du suc gastrique parfaitement actif.

Mlle de Serval assure qu'elle se trouve pendant les jeûnes, non seulement parfaitement bien, mais en un état de bien-être exalté et qui lui fait toujours regretter la fin de l'expérience.

Le dernier jeûne et le plus long de cette dame a été de quarante jours, pendant lesquels elle s'est abstenue de toute nourriture et n'a absorbé qu'une faible quantité d'eau pure (au lieu de l'eau minérale autrefois utilisée). Les lettres écrites pendant sa captivité volontaire témoignent de la lucidité parfaite et de l'activité d'un esprit hautement cultivé.

En avril 1911, un journal de New-York annonçait que les médecins étaient en train d'étudier le cas d'une femme nommée Annie Geshella, âgée de 30 ans, qui, à l'hôpital de Morris Plain, a passé soixante-cinq jours sans manger. La seule nourriture qu'elle a pris pendant tout ce temps consiste en quatre verres de lait et le jus d'une moitié d'orange. Ces faits auraient été vérifiés par les médecins de l'hôpital. La jeune femme, quoique étant très faible, se porte assez bien et déclare que ce sont les anges qui l'ont nourrie pendant ce long jeûne.

V

D'après le docteur Bernheim, l'homme sain qui meurt après plusieurs jours de jeûne ne meurt pas d'inanition ; il est encore un colosse relativement au phtisique émacié qui se traîne pendant des semaines comme un cadavre ambulant, ou un convalescent de fièvre typhoïde qui n'a plus que la peau et les os et qui, cependant, va guérir. C'est donc *la faim qui tue et non l'inanition*, ou du moins *la faim qui tue avant l'inanition*. En effet, le fébricitant, le phtisique, l'anorexique, l'hystérique qui vomit et le sensitif qui s'auto-suggestionne n'ont pas faim. Et, d'autre part, si l'on veut interpréter les symptômes de la faim, l'agitation, puis la dépression, les hallucinations, l'insomnie, l'excitation furieuse suivie de stupeur et d'un collapsus terminal, on voit qu'il s'agit là d'une véritable névrose à laquelle les affamés succombent avant d'avoir eu le temps de mourir d'inanition.

Toute la question revient donc, pour pouvoir supporter un long jeûne, à s'y préparer graduellement ou à suspendre la faim par des procédés stupéfiants.

J. Acosta signalait déjà cette propriété des feuilles du tabac et de la coca du Pérou, dans son *Histoire naturelle des Indes* (t. IV, ch. XII) publiée à Séville en 1590, et l'amiral de Corbigny écrivait récemment qu'un marron astringent de l'Afrique équatoriale, la noix de Gourou ou de kola, très apprécié des habitants de ce pays pour ses propriétés reconstituantes, permet aux voyageurs de supporter sans fatigue la privation de nourriture et de longues marches sous un soleil énervant.

Le professeur Germain Sée, le docteur Rochard et le professeur Heckel (de Marseille) ont montré que la kola et quelques autres aliments dits d'*épargne,* ayant pour base la *caféine,* supprimaient la sensation de faim, facilitaient le travail musculaire et permettaient de le continuer sans fatigue en annulant l'essoufflement consécutif à l'effort.

Matthiole (*Commentaire sur Dioscoride*) attribue aux Scythes l'usage d'une herbe agréable au goût qui pouvait suppléer à la nourriture pendant dix à douze jours.

Beaucoup d'auteurs de l'antiquité, et en particulier Plutarque, prétendent que le philosophe Epiménide avait dormi pendant cinquante ans dans une caverne; d'autres, moins crédules, se bornent à dire qu'il vécut tout ce temps-là presque sans manger, et un écrivain militaire du deuxième siècle avant notre ère donne même plusieurs recettes de préparations connues sous le nom de *Pâte d'Epiménide,* qui entraient dans la composition des approvisionnements des places fortes; je les ai reproduites dans mon livre sur la Poliorcétique des Grecs.

Les préparations de cette nature étaient fort répandues, car Xiphilin (*In Severo,* ann. 206) dit que les Calédoniens et les Méates savaient « préparer une nourriture telle que, prise en boulette de la grosseur d'une fève, elle calmait la faim et la soif ».

La liqueur de Zanzibar qu'employait Succi était, on le voit, renouvelée des Grecs. Seulement le docteur Bernheim pense que cette liqueur, absorbée le premier jour, n'a pas suffi pour supprimer la sensation de faim pendant toute la durée du jeûne, mais qu'elle a produit une auto-suggestion capable d'annihiler les effets de cette névrose. Il raconte à ce propos que M. Debove, ayant suggéré à deux femmes hystériques endormies par lui l'absence de faim et l'ordre de ne pas manger, put les soumettre à un jeûne de quinze jours pleins, pendant lesquels elles ont bu, mais n'ont ingéré aucun aliment solide. Ce jeûne, très bien supporté, aurait pu être prolongé encore pendant quinze jours, mais l'une des malades avait déjà perdu 3 k. 200 et l'autre 5 k. 200.

La théorie du docteur Bernheim avait déjà été formulée dans les *Prolégomènes* de l'Histoire universelle de Ibn Khaldoun, savant homme d'État du xvᵉ siècle, qui nous a laissé de précieux renseignements sur tout ce qui se rattache à la civilisation arabe [1].

Les médecins se trompent, dit-il, en prétendant que c'est l'abstinence qui fait mourir : cela n'arrive jamais, à moins qu'on ne prive l'homme brusquement de toute espèce d'aliments; alors les intestins se ferment tout à fait et l'on éprouve une maladie qui peut conduire à la mort. Mais lorsque la chose se fait graduellement, et par esprit religieux, en diminuant peu à peu la quantité de nourriture, ainsi que font les Soufis, la mort n'est pas à craindre. La même progression est absolument nécessaire lorsqu'on veut renoncer à cette pratique de dévotion; car, si l'on reprenait brusquement sa première manière de se nourrir, on risquerait sa vie. Il faut revenir au point de départ, en suivant une gradation régulière, ainsi que cela s'était fait en le quittant. Nous avons vu des hommes qui supportaient une abstinence complète pendant quarante jours consécutifs et même davantage.

Sous le règne du sultan Abou'l-Hacen, et en présence de nos professeurs, on amena devant ce prince deux femmes, dont l'une était native d'Algésiras et l'autre de Rouda. Depuis deux ans, elles avaient renoncé à toute nourriture et, le bruit s'en étant répandu, on voulut les mettre à l'épreuve. Le fait fut complètement vérifié et elles con-

---

[1] Une traduction française des *Prolégomènes* a été publiée en 1852 dans les *Notices et Extraits des Manuscrits*.

tinuèrent à jeûner ainsi jusqu'à leur mort. Parmi nos anciens con-
disciples, nous en avons vu plusieurs qui se contentaient, pour toute
nourriture, de lait de chèvre; à une certaine heure de chaque jour,
ou à l'heure du déjeuner, ils tétaient le pis de l'animal. Pendant
quinze ans, ils suivirent ce régime. Bien d'autres ont imité leur
exemple. C'est un fait qu'on ne saurait révoquer en doute (p. 182).

En résumé, la machine humaine, comme la machine à va-
peur, peut subsister longtemps sans être alimentée si aucune
cause extérieure ne vient la détruire.

Si la machine ne travaille pas, comme dans les sommeils
léthargiques, elle peut résister très longtemps. C'est ce qu'a
prouvé Marguerite Bouyenval, dont nous allons raconter l'histoire et qui a dormi vingt ans (du 21 mai 1883 au 20 mai 1903).

Si, au contraire, la machine travaille, la théorie d'Ibn Khaldoun et de Bernheim paraît devoir être admise, en laissant
toutefois subsister une inconnue. Quand l'individu, comme
Zélie Bouriou notamment, ne consume pas ses réserves, où
prend-il la force nécessaire pour accomplir les actes de sa vie
quotidienne? Son organisme serait-il comparable à celui de
certains végétaux qui poussent sur le roc, empruntant les éléments de leur vitalité à l'oxygène et à l'azote de l'air, et vivant,
suivant l'expression populaire, de *l'air du temps?*

CHAPITRE II

I

La dormeuse de Thenelles.

Marguerite Bouyenval est née à Thenelles, près Saint-Quentin (Aisne), le 29 mai 1864.

Son père était alcoolique; sa mère avait eu des accidents hystériques dans sa jeunesse et ses deux sœurs ont été aussi atteintes d'attaques hystériformes.

A l'âge de 19 ans, elle accoucha en pleine campagne d'un enfant qui mourut en venant au monde. Le bruit s'en était répandu dans le pays et une instruction judiciaire fut ouverte sur l'accusation d'infanticide. Le matin du 31 mai 1883, elle était occupée chez elle à repasser du linge quand une voisine entra soudain et lui dit, en manière de plaisanterie : « Voilà les gendarmes qui viennent t'arrêter! » La jeune fille en ressentit une telle impression qu'elle fut prise de violentes attaques d'hystérie nettement caractérisée qui durèrent vingt-quatre heures environ et, à la suite desquelles, elle tomba dans un sommeil profond qui dura vingt ans et se termina le 23 mai 1903.

Dans cet intervalle, elle fut constamment soignée par le docteur Charlier, médecin du bourg voisin d'Origny-Sainte-Benoîte. Plusieurs médecins, entre autres Charcot, Voisin, Bérillon, Paul Farez et Gilles de La Tourette, vinrent l'examiner; quelques-uns ont publié leurs observations [1].

Voici un extrait de celles que le docteur Bérillon a publiées

---

[1] Il est venu également des prêtres qui l'ont vainement exorcisée.

dans la *Revue d'hypnotisme* (numéro d'août 1887) à la suite d'une visite effectuée dans le mois de mars 1887 :

Nous trouvons Mlle M. B..., âgée de 25 ans, couchée sur un lit dans le décubitus dorsal. La pièce dans laquelle elle se trouve est petite, mal aérée, obscure, faiblement éclairée par une fenêtre donnant sur une cour étroite. On perçoit, en entrant, d'âcres odeurs d'humidité et d'air confiné qui dénotent immédiatement l'insalubrité du local.

Nous procédons d'abord à l'examen des membres inférieurs et de l'abdomen. L'amaigrissement des jambes et des cuisses est assez considérable, cependant les masses musculaires ne sont atrophiées que dans une certaine mesure. Dans la région abdominale, l'amaigrissement est plus marqué. Le ventre est déprimé; toute trace de tissu adipeux a disparu. Les os iliaques font une saillie énorme sous la peau et circonscrivent la cavité abdominale profondément creusée en bateau.

Nous explorons la sensibilité cutanée de ces régions : l'anesthésie à la piqûre est complète. Les réflexes tendineux du genou sont complètement abolis.

Les membres supérieurs sont aussi amaigris, mais l'amaigrissement porte plutôt sur le tissu adipeux que sur le tissu musculaire. Ils sont aussi insensibles que le reste du corps.

Les battements du cœur sont rapides. Le pouls petit, presque insaisissable, est fréquent (100 pulsations).

Au moment où le pouls a été pris, le bras droit de la malade était entièrement contracturé. Il est probable que, dans d'autres circonstances, il doit être plutôt ralenti.

Les mouvements respiratoires sont normaux, mais peu marqués. La respiration, en somme, est paisible et régulière[1].

L'haleine n'a pas l'odeur de macération qu'on observe chez les jeûneurs et les aliénés qui ne mangent pas.

La face de la malade est pâle, d'une couleur jaunâtre cireuse, uniforme, sans expression. Les muqueuses sont décolorées. Bien que très amaigrie, elle n'est pas décharnée. L'occlusion complète des

---

[1] *Observation du docteur Gilles de la Tourette, le 7 avril 1887 :* La respiration, calme et lente, était peu appréciable; le pouls, petit, un peu rapide. La température sous l'aisselle variait de 37° à 37° 1. L'anesthésie des surfaces cutanée et muqueuse était totale ; cependant l'introduction de la sonde œsophagienne ou celle de quelques gouttes de liquide dans la bouche déterminait un spasme convulsif de déglutition. Sous l'influence d'injections hypodermiques d'un milligramme de sulfate d'atropine, il fut possible de constater, d'abord au niveau des pieds, ensuite aux jambes, aux cuisses et même au tronc, un retour momentané de la sensibilité qui disparut après la cessation des injections hypodermiques. Les muscles du cou, légèrement contracturés, inclinaient la tête en avant. Les bras soulevés devenaient raides et gardaient la position qu'on leur avait donnée...

paupières, jointe à l'impassibilité des traits, enlève au visage toute expression de vie.

Le croquis ci-joint (fig. 2) donne une idée très exacte de l'impression que produit la vue de la malade. Il est d'ailleurs d'une ressemblance frappante.

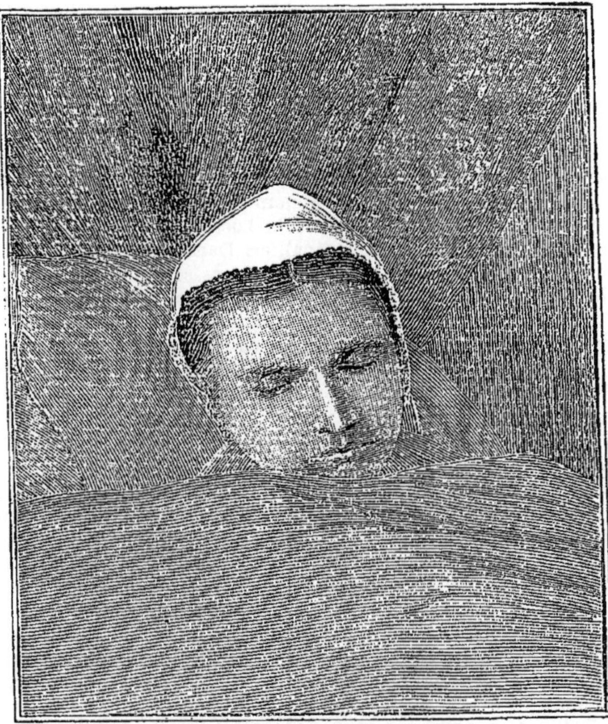

FIG. 2. — MARGUERITE BOUYENVAL,
la dormeuse de Thenelles.

Si l'on entr'ouvre les paupières, on constate que les yeux sont tellement convulsés en haut qu'il est impossible d'examiner l'état des pupilles. En soufflant brusquement sur les yeux entr'ouverts, on ne détermine aucun mouvement réflexe des paupières.

Les mâchoires, fortement serrées par une contracture des masséters, ne permettent pas de regarder dans la cavité buccale.

On peut cependant écarter les lèvres, et l'on voit que plusieurs des dents antérieures sont brisées au niveau de la racine. Elles l'ont été, paraît-il, au début de l'affection, par des personnes qui tentaient d'ouvrir les mâchoires par force.

Il nous restait à observer l'état de tonicité ou de contractilité des muscles. Nous avons constaté que les bras, souples au début, se laissent soulever avec la plus grande facilité, mais qu'ils se mettent presque immédiatement en contracture. Le moindre attouchement, la moindre friction, l'action de souffler dessus avec la bouche, augmente la contracture des muscles.........

Inutile d'ajouter que nous eûmes inutilement recours à toutes les excitations extérieures, telles que suggestion verbale, appel, piqûre, pincement, secousse, etc., capables de provoquer un mouvement réflexe.

En résumé, l'examen physique de la malade nous révélait qu'elle était plongée dans l'état décrit sous le nom de léthargie par M. Charcot et que nous avons eu maintes fois l'occasion d'observer à la Pitié, dans le service de M. Dumontpallier. Dans cet état, les manifestations sensitives, sensorielles et psychiques sont entièrement ou presque entièrement négatives. L'anesthésie des divers modes de sensibilité est telle, que toutes les excitations restent impuissantes.

L'inertie mentale du sujet hypnotisé dans l'état léthargique est tellement absolue qu'il est impossible d'entrer en relation avec lui et de lui communiquer, par quelque procédé que ce soit, une idée quelconque.

La malade de Thenelles présentait donc tous les signes qu'on observe dans l'état léthargique provoqué.

L'examen physique terminé, il ne nous restait plus qu'à obtenir de la personne qui la soigne divers renseignements dont il nous était malheureusement difficile de contrôler la rigoureuse exactitude.

Ces renseignements devaient naturellement porter sur les points suivants : 1° Quel était l'état de la malade avant le début de la léthargie? — 2° Dans quelles circonstances et de quelle façon a débuté l'affection ? — 3° La malade est-elle sortie, à un moment donné, de l'état dans lequel elle se trouve actuellement ? — 4° Comment la nourrit-on ? — 5° De quelle manière s'effectuent les excrétions et les sécrétions ? — 6° Par quel procédé défait-on habituellement les contractures provoquées ?

A nos questions, la mère de la malade fait les réponses suivantes :

1° Sa fille a toujours été très nerveuse et elle a toujours eu un tempérament trop maladif et trop délicat pour se livrer aux travaux des champs.

2° La maladie a débuté presque brusquement, le 30 mai 1883. A la suite d'une frayeur, elle eut successivement plusieurs attaques convulsives, à la fin desquelles elle tomba dans un sommeil profond dont elle n'est pas sortie depuis ce moment.

3° La malade n'est jamais sortie de l'état dans lequel nous la trouvons actuellement. Un grand nombre de médecins sont venus, quelques-uns ont fait des tentatives rapides et sans méthode qui n'ont jamais été suivies de succès[1].

4° Il est possible de lui faire avaler, par cuillerées, des substances liquides. Ainsi, la mère, plusieurs fois par jour, lui verse dans la bouche, soit une cuillerée de lait, soit un jaune d'œuf délayé dans du lait, soit un peu d'eau et de sirop. Le liquide s'écoule dans le pharynx et, presque immédiatement après un mouvement de déglutition indique qu'il passe dans l'estomac.

5° Les excrétions ont diminué insensiblement. Au début, les règles sont encore apparues quelquefois. Actuellement, elles sont complètement supprimées.

6° Pour faire disparaître les contractures, il est nécessaire de réchauffer le membre contracturé au moyen de bouillotes chaudes. On le ramène ensuite dans sa position première par une légère violence.

Nos conclusions furent les suivantes :

Cette malade est une hystéro-épileptique plongée dans un état léthargique dont les caractères se rapprochent surtout de la période de l'hypnotisme décrite par M. Charcot sous le nom de léthargie.

Il est possible qu'elle vive encore pendant un certain temps dans cet état, étant donné qu'elle absorbe quelques aliments liquides et que ses excrétions sont à peu près nulles. Cependant la mort par inanition marque ordinairement le terme de ces crises prolongées d'hystérie.

Quelques mois après le réveil de Marguerite Bouyenval et sa mort qui suivit de près, le docteur Lancereaux a lu à l'Académie de Médecine, dans sa séance du 8 mars 1904, un rapport qui donne d'autres détails, notamment sur son réveil et sa mort.

Le lendemain (du jour où elle s'endormit) et les jours suivants, cet état ne se modifiant pas, il fallut songer à pratiquer l'alimenta-

---

[1] En septembre 1902, le docteur Farez vint examiner la malade et il écrivit dans la *Revue de l'Hypnotisme* qu'il avait acquis la certitude que « si, chez Marguerite B...., la pleine conscience était suspendue, la subconscience persistait pleinement, qu'elle enregistrait, qu'elle réagissait et qu'ainsi la pauvre dormeuse était accessible aux influences extérieures, comme aussi aux suggestions plus ou moins maladroites de sa famille ou des visiteurs ».

S'il en fut ainsi, on aurait probablement pu, en pressant le point de la mémoire somnambulique au milieu du front, déterminer, après son réveil, le souvenir de quelques-unes de ses impressions pendant son sommeil.

tion artificielle, car les dents étaient serrées par un fort trismus, et l'introduction d'une sonde œsophagienne ne se faisait qu'avec de grandes difficultés. On eut alors recours aux lavements de lait avec jaunes d'œufs, de bouillon, de vin, et enfin de peptone... Les selles, d'abord rares et dures, séparées par un intervalle de plusieurs jours, devinrent de plus en plus rares; puis, sous l'influence des lavements, elles furent molles, liquides et relativement fréquentes. La miction était involontaire et très rare. Les règles finirent par cesser définitivement.

L'état de calme léthargique se trouvait interrompu à des distances variables, tous les mois ou tous les mois et demi environ, par de brusques attaques convulsives avec arc de cercle, au cours desquelles la malade se déchirait la figure et la poitrine.

Ces attaques, qui nécessitaient l'intervention de plusieurs personnes pour maintenir la patiente, se terminaient par une salivation abondante, semblable à des vomissements, ou par une sueur profonde. Néanmoins, la perte de connaissance demeurait totale et l'intelligence ne reparaissait pas.

Il existait, dès le début de ces désordres, une anesthésie en apparence générale; mais cependant un examen attentif permettait de reconnaître, au niveau de la partie moyenne du sternum, une zone hystérogène très limitée, dont le moindre attouchement suffisait à provoquer une attaque convulsive. Les mouvements, limités d'abord au tronc, se généralisaient bientôt à tout le corps qu'agitaient des secousses cloniques très énergiques; mais, un jour, à la suite de la perte d'une certaine quantité de sang par la bouche et le nez, la zone hystérogène disparut et il devint possible, sans provoquer aucune réaction, d'exercer de fortes pressions sur la région moyenne du sternum.

Plus tard cette zone reparut et la même succession de phénomènes se reproduisit, et cela à diverses reprises...

Les phénomènes pathologiques précurseurs des accidents qui devaient amener l'issue fatale se manifestèrent à la fin de l'année 1902. Tout d'abord apparut sur l'avant-bras gauche, un peu au-dessous de l'extrémité du radius, une saillie de l'étendue d'une pièce de un franc qui, plus tard, devint fluctuante et suppura. Un stylet introduit dans le foyer jusqu'à la tête du radius pénétrait dans cet os et provoquait un mouvement de défense très marqué. Cette manifestation de la sensibilité profonde était la première depuis les injections hypodermiques d'atropine.

A partir de ce moment, M. B... parut s'affaiblir progressivement et la région sacrée, qui avait supporté impunément un décubitus dorsal d'une durée de vingt ans, devint le siège d'une rougeur suivie, quelques jours plus tard, d'une escarre superficielle, et, vers le 17 mai 1903, une tuméfaction semblable à celle de l'avant-bras se montra à la face dorsale du pied droit, mais elle n'eut pas le temps de s'abcéder.

Le 23 mai, à 9 heures du matin, quelques jours seulement après l'apparition d'une toux légère, la malade fut prise brusquement d'une crise d'hystérie semblable à celle du début de son état pathologique. Cette crise se renouvela à intervalles à peu près réguliers jusque dans l'après-midi, après quoi la résolution des membres se produisit et les yeux s'entr'ouvrirent; la mâchoire seule resta contracturée.

Le 24, vers 7 heures du matin, nouvelle grande crise qui dure près de quatre heures sans interruption et à l'issue de laquelle la contracture de la mâchoire disparaît. La malade, sans être éveillée positivement, parvint à se mouvoir et à se soulever sur son lit.

Le lendemain 25, les mouvements convulsifs ne se renouvellent pas; M. B... se passe la main devant les yeux, comme pour ôter un voile, puis les ouvre, paraît voir et entendre, cherche à se ressaisir et à se mettre en rapport avec le monde extérieur, car elle s'efforce de comprendre quelques paroles que lui adresse un prêtre sur les Vérités de la Religion.

Le 26, à 6 heures du matin, elle est plus éveillée, ouvre les yeux sur l'ordre qui lui en est donné, réagit au pincement de la peau du bras et dit d'une voix faible qu'elle a été pincée. Néanmoins, le regard est encore vague, les pupilles sont légèrement dilatées, mais le strabisme divergent disparaît, ainsi que les autres contractures; en somme, l'attaque de sommeil avec tous ses symptômes accessoires a définitivement cessé.

M. B... exhale des plaintes, se soulève à plusieurs reprises sur son lit, et à la question de savoir où elle souffre, elle montre sa poitrine où l'auscultation révèle sur plusieurs points l'existence de râles disséminés, indicateurs d'une fonte rapide.

Puis, reprenant peu à peu conscience d'elle-même, elle reconnaît avec difficulté les personnes de son entourage, elle s'informe de la date présente; mais elle a peine, tout d'abord, à retrouver l'ordre de succession des jours. Elle se souvient néanmoins que le marché a lieu le jeudi, preuve que sa mémoire se reporte par la pensée à une époque lointaine et qu'elle est subconsciente d'une lacune dans son existence. Elle demande son âge, et sa mère, faisant abstraction des années de sommeil écoulées, lui répond : 22 ans et lui présente, comme étant sa sœur, sa nièce née la veille du début de son sommeil. Il lui est toutefois difficile d'entrer dans des détails précis sur les choses passées; on peut constater qu'elle a perdu le souvenir des événements marquants qui précédèrent de peu sa narcolepsie et qu'elle a conservé assez vivace la mémoire des faits plus anciens. Elle ne se souvient ni d'avoir été malade, ni d'avoir eu des dents arrachées [1], ni d'aucun des incidents survenus au cours de sa ma-

---

[1] Avant son grand sommeil, elle avait eu une maladie de la bouche qui avait nécessité l'extraction de plusieurs dents.

ladie. Cependant, elle s'inquiète de l'application du thermomètre, s'informe de ce qui la fait souffrir et s'étonne de la plaie qu'elle porte à l'avant-bras, bien qu'elle soit le résultat d'une intervention chirurgicale; et il est difficile d'affirmer qu'elle n'ait pas été, jusqu'à un certain point, consciente de ce qui s'est passé autour d'elle. Le docteur Liégeois, qui eut l'occasion de la visiter quelques années avant sa mort et qui essaya de la suggestionner, pensait qu'elle n'était pas absolument inconsciente, et la même opinion fut exprimée par le docteur Voisin, de la Salpêtrière, et aussi par le docteur Farez...

Une circonstance frappa tout particulièrement notre confrère le docteur Charlier, c'est que, à son réveil, M. B... parlait le patois de son enfance et non celui des années qui précédèrent son attaque et, cela, malgré la fréquentation antérieure d'un atelier de couture où ce patois était beaucoup moins marqué, et le contact, au cours de son sommeil, avec un grand nombre de personnes au langage correct. Au reste, malgré les modifications psychiques résultant de cette extraordinaire affection, l'intelligence ne s'était pas moins retrouvée entière au réveil, et la malade répondait avec netteté aux questions posées, se souvenait le lendemain de ce qui lui était arrivé la veille, de telle sorte qu'elle n'offrait aucun signe de lésion matérielle des centres nerveux, non plus que des nerfs périphériques.

Quant au fonctionnement des organes digestifs, il se fit régulièrement à partir du retour à la vie normale; l'alimentation, composée de lait, bouillons et jaunes d'œufs, était bien supportée, car il ne survint jamais ni nausées, ni vomissements.

La température, depuis le réveil, fut constamment inférieure à celle de l'état normal; l'excitation morbide des centres thermogènes constatée pendant la période d'état avait fait place à une dépression telle que l'infection bacillaire ne parvenait pas à se traduire par les élévations de température qui l'accompagnent habituellement.

Le 27 mai, M. B... est plus faible et plus oppressée; elle tousse fréquemment, demande un mouchoir pour cracher, se soulève à chaque instant sur son lit et proteste à l'idée qu'on va lui faire une piqûre de caféine, prétextant qu'une piqûre pratiquée la veille lui avait fait mal. Elle finit toutefois par accepter la piqûre et répond par un geste très expressif de doute au sujet de sa guérison et de la cessation des souffrances qu'elle éprouve.

Du reste, le soir même sa situation empire; elle entre en agonie et succombe le lendemain jeudi 28 mai 1903, à 7 heures du matin.

Voici les principaux points de la conclusion du rapport du docteur Lancereaux:

Ce sommeil est-il le sommeil naturel? Il ne semble pas, car si on regarde les yeux, on s'aperçoit que les paupières sont palpitantes,

clignotantes, agitées de petites secousses ou de battements, et si on
vient à les ouvrir, il est commun de constater une sorte de strabisme qui n'appartient pas au sommeil normal. Mais d'ailleurs le
silence y est toujours absolu, car le bruit n'est pas entendu, et le
pincement cutané comme les tortures les plus diverses peuvent être
pratiqués sans que le sujet en conserve le moindre souvenir à son
réveil.

Le qualificatif de « dormeuse », appliqué à la malade de Thenelles et à la plupart des malades du même genre, n'est donc pas
exact, puisqu'il ne s'agit pas d'un sommeil naturel, mais bien d'un
état pathologique qui se rapproche manifestement de l'état d'hiber-
nation propre à certaines espèces animales, chez lesquelles, à un
moment donné, la vie de relation et la vie végétative sont pour ainsi
dire annihilées.

II

La dormeuse abstinente du pays de Galles [1].

En 1902, le peintre anglais James Ward faisant une excur-
sion dans le pays de Galles, entendit parler d'une femme
extraordinaire qui, étant restée couchée pendant de longues
années, aurait vécu pendant près d'un demi-siècle sans prendre aucune nourriture. Un riche habitant du pays, sir Robert
Vaughan, qui lui avait confirmé l'existence de ce phénomène,
lui fournit également les moyens de satisfaire sa curiosité
grandement excitée par les récits légendaires qui lui en
avaient été faits. Il lui donna des chevaux et un guide pour se
rendre jusqu'à la demeure de cette femme qui se trouvait à
quelques milles de Dolgelly, près de l'embouchure de la ri-
vière Mawddock, en face de Marbouth, au pied du Cader-
Idris.

Il trouva Mary Thomas dans un cottage propre. Elle était
couchée dans son lit, la tête tournée vers la fenêtre qui l'éclai-
rait en plein. Elle ne comprenait pas l'anglais et il dut prendre comme interprète une petite fille qui la soignait.

A cette époque Mary Thomas était âgée de 77 ans. D'un ton
tranquille et résigné, elle répondit aux questions suivantes:

---

[1] Extrait d'un article paru sous la signature du docteur Bérillon dans la
Revue d'Hypnotisme du 1er février 1911.

— Vous abstenez-vous de toute nourriture?

— Oui.

— Avez-vous des évacuations intestinales ou urinaires?

— Non.

— Essayez-vous parfois d'avaler quelque chose?

— Oui, mais mon estomac le rejette immédiatement.

— Souffrez-vous beaucoup?

— J'ai souffert sans discontinuer pendant deux ans; mais actuellement mes douleurs se sont calmées.

Elle fit observer à M. Ward qu'elle avait des pulsations dans la tête. Le pouls avait comme singularité de présenter une irrégularité isochrone. Deux pulsations se succédaient rapidement suivies d'une pause momentanée avant et après la suivante. Elle prit la main du visiteur et la mit à nu sur sa poitrine; il eut la sensation, tant elle était amaigrie, de l'avoir posée sur un squelette.

Les muscles des membres étaient atrophiés et les bras et les jambes étaient dans l'attitude de flexion accentuée.

La petite interprète apprit à M. Ward qu'elle était dans cet état d'immobilité depuis l'âge de 13 ans et qu'on n'en connaissait pas la cause exacte. Pendant une période de dix ans, elle était restée dans un état de torpeur profonde, dans un état d'inconscience complète, ne se rendant aucun compte de ce qui se passait autour d'elle. Pendant toute la durée de cette longue période de léthargie, elle ne prit aucune espèce de nourriture. Lorsqu'elle revint à elle, elle exprima le désir de recevoir la communion, et comme elle était dans l'impossibilité d'avaler un morceau de pain, le sacrement lui fut administré dans de l'œuf dur, dont elle prit une parcelle pas plus grosse que la tête d'une épingle.

M. Ward mit à profit son remarquable talent de dessinateur et prit de Mary Thomas le croquis qui se trouve reproduit dans son étude (fig. 3).

Cinq ans après, il retourna la voir et la retrouva au même endroit, exactement dans la même situation où il l'avait laissée. Elle avait seulement changé de position dans son lit. Il en fit une nouvelle esquisse. Les veines du nez et du front étaient gonflées, les unes violacées, les autres bleues; les paupières étaient rouges; les yeux, profondément enfoncés dans les

FIG. 3. — MARY THOMAS,
la dormeuse du pays de Galles.

orbites, donnaient l'impression des yeux d'un poisson mort.
La peau était plissée, ratatinée, recoquillée sur les os, comme
s'il n'y avait plus eu de muscles. On lui répéta qu'elle n'avait
pris aucun aliment. Les membres de la famille déclarèrent
que Mary Thomas faisait de temps en temps un effort pour
avaler un morceau de pain et boire un peu d'eau, pas plus
de 30 grammes par quinzaine. Mais elle ne les gardait pas,
chaque effort de déglutition provoquant des vomissements.
Elle avait alors 88 ans...

4

Vivement intéressé par ce cas si anormal, il voulut l'entourer de toutes les références possibles. Ayant appris que la malade avait un frère encore vivant, il se rendit auprès de lui. Ce frère, homme des plus estimables, lui confirma l'exactitude de tous les renseignements précédents. Il lui apprit, en outre, qu'elle avait déjà été examinée en 1870 par M. Pennant. Elle avait alors 47 ans. Elle était très pâle, extrêmement minée, mais pas si amaigrie qu'on eût pu le supposer. Elle avait la vue très faible, la voix éteinte, et elle était privée de l'usage de ses jambes. Son pouls était assez fort. A l'âge de 7 ans, elle avait eu une éruption analogue à la rougeole et elle souffrait tellement qu'on ne pouvait la toucher sans provoquer de vives douleurs. On la soulagea par l'application de peaux de moutons fraîchement écorchés. Elle avait eu depuis lors de l'inflammation et des gonflements (œdèmes) à 27 ans; elle eut une récidive de la même maladie et pendant une période de *deux ans et demi*, resta insensible et inconsciente, n'absorbant aucune espèce de nourriture. Les personnes de son entourage s'efforçaient en vain de lui ouvrir la bouche de force à l'aide d'une cuiller. Dès que la cuiller était retirée, les dents se resserraient, claquant avec violence. A cette époque elle eut des pertes de sang considérables. Elle a gardé le souvenir de ce qui se passa lorsqu'elle revint à elle. *S'imaginant n'avoir dormi qu'une nuit,* elle demanda à sa mère si on lui avait donné quelque aliment la veille, elle éprouvait une vive sensation de faim; on lui apporta de la viande, mais elle ne put l'absorber et avala avec peine une cuillerée de bouillie claire.

A partir de ce moment, elle resta sept ans et demi sans prendre aucune nourriture solide ou liquide, excepté ce qu'il fallait pour humecter ses lèvres. A la fin de cette période, elle ressentit de nouveau les effets de la faim et demanda un œuf dont elle prit la valeur d'une noisette. Après cette tentative, elle absorba tous les jours un petit morceau de pain d'environ 25 grammes et un petit verre d'eau. Quelquefois il lui arrivait d'ajouter à ce menu une cuillerée à soupe de vin; mais elle restait des jours entiers sans rien prendre.

Dans cette période où elle s'alimentait un peu, elle dormait très peu et les fonctions naturelles existaient à peine.

Vivant détachée de toutes les préoccupations de ce monde, ne faisant aucun effort physique ou mental, elle ne donnait jamais la moindre marque d'impatience. Elle avait toujours manifesté une grande piété.

Indépendamment des longs états d'abstinence de Mary Thomas, on note dans son existence deux périodes de sommeil prolongé, l'une de dix ans, l'autre de deux ans et demi. Ces périodes étaient caractérisées par l'immobilité, l'insensibilité et l'inconscience. Le jeûne était, si on en croit les nombreux témoins de son état, absolument complet. Son amaigrissement progressif indique qu'elle se nourrissait aux dépens de sa propre substance. Seules l'absence de tout mouvement musculaire, la suppression de toute activité intellectuelle peuvent expliquer qu'elle ait pu survivre avec une alimentation aussi réduite. Mary Thomas poussait, dans les périodes de sommeil, jusqu'à l'extrême limite l'économie de ses échanges nutritifs et de ses dépenses d'énergie. Quand elle était consciente d'elle-même, la ration d'entretien était extrêmement minime, mais elle suffisait à son organisme débile. Son cas présente des rapprochements avec celui de la léthargique de Thenelles, dont la ration d'entretien et les excrétions furent, pendant une période de vingt ans, extrêmement réduites.

III

La dormeuse d'Alençon.

Son réveil par la narcose éthyl-méthylique [1].

Joséphine..., âgée de 32 ans, domestique, a, depuis quinze ans, cinq à six fois par an, de grandes crises hystériques, durant une heure ou deux, desquelles elle sort extrêmement fatiguée, avec incapacité complète de travail pendant plusieurs jours.

Entrée à l'hospice d'Alençon, le 22 janvier 1910, pour fatigue, épuisement, asthénie générale, elle est, au bout de quelques jours, frappée d'aphonie. Ses cordes vocales, examinées par le docteur Léon Chambay, laryngologiste, ne présentent aucune lésion; il s'agit

---

[1] Article publié par le docteur Paul Farez dans la *Revue de Psychothérapie*, en 1910.

d'un nouvel incident hystérique. Entre temps, on la soigne pour de l'embarras gastrique.

Très tourmentée de ne pas se rétablir vite, elle craint de ne plus jamais être en état de gagner sa vie; elle voudrait pouvoir retourner dans son village. Elle devient triste, geignarde, découragée. Le 11 juin, elle est particulièrement nerveuse et mécontente; on la quitte à 6 heures du soir; quand on revient auprès d'elle, à 7 heures, elle dort du sommeil dont je la vois encore dormir quarante jours après, le jeudi 21 juillet 1910.

Au début, elle présente de la constriction des mâchoires. On essaie de l'alimenter par le nez, mais on y renonce, à cause des crises de suffocation qui surviennent. Le docteur Chambay père, médecin en chef de l'hospice, armé d'un ouvre-bouche, écarte les maxillaires et introduit une sonde œsophagienne; dès lors, c'est ainsi qu'on l'alimentera et les masséters ne seront plus contracturés; elle garde même, continuellement, la bouche grande ouverte. Elle prend, deux fois par jour, un litre de lait et un jaune d'œuf que l'on verse directement dans l'estomac à l'aide de la sonde munie d'un entonnoir. Elle ne présente pas d'amaigrissement notable.

C'est manifestement un sommeil hystérique, semblable dans ses grandes lignes au type constitué par Charcot, mais aussi avec ses variantes individuelles.

L'anesthésie est généralisée à toute la surface cutanée; il y a la suspension apparente de l'audition, de la vue et du goût; la malade ne paraît pas s'apercevoir de l'amertume du sulfate de quinine que j'ai déposé sur chaque moitié de sa langue; mais, à la longue, elle proteste contre l'inhalation de vapeurs d'ammoniaque; donc, la muqueuse olfactive est encore sensible, dans une certaine mesure. Il y a de l'anesthésie pharyngée : je lui enfonce et lui promène mon doigt dans la gorge, elle ne paraît pas le sentir et aucun réflexe ne s'accomplit.

Chose curieuse, il n'y a pas ou guère de phénomènes convulsifs; ses muscles sont mous, flasques et atones; elle reste horizontalement dans la position où on la place sur son lit; elle s'affaisse sur elle-même si on l'assied ou la met debout.

Comme manifestations spontanées, pendant ses quarante jours de sommeil, on note parfois des mouvements de déglutition et quelques émissions de voix qui ressemblent à des grognements inarticulés; mais tout cela à intervalles très éloignés, tous les quelques jours seulement. Une fois, elle s'est placée spontanément sur le côté. Elle présente une continuelle trémulation des paupières, ce qui est un phénomène non seulement fréquent, mais pour ainsi dire constant dans ces cas de sommeils hystériques.

Les réflexes pupillaire, cornéen, olécranien, cutané plantaire sont absents; le réflexe cutané abdominal est très faible, celui du poignet nettement appréciable; le réflexe rotulien est très net; celui de la déglutition est à peu près normal; toutefois on lui donne son lait avec la sonde, car il serait trop long de lui faire déglutir le litre de lait donné à la cuiller.

Elle réagit dans une certaine mesure aux impressions extérieures; quand on la pique ou la pince, elle ne paraît pas le sentir; toutefois, ses trémulations palpébrales augmentent d'amplitude et de fréquence. Elle a tâché d'éloigner sa tête du flacon d'ammoniaque qu'on lui présentait. Quand on plie fortement la jambe sur la cuisse, on sent, à la fin de la flexion, une légère résistance, qu'il est d'ailleurs très facile de vaincre. Par des pressions et tractions répétées et rythmées, je ferme, puis j'ouvre, plusieurs fois de suite, mais lentement, sa bouche : la malade achève d'elle-même le mouvement que je provoque, mais plus vite que je ne le dirige. Si l'on veut lui relever de force la paupière supérieure, on y arrive sans trop de lutte; mais, au fur et à mesure qu'on la relève, le globe oculaire se révulse en haut, la pupille fuit et se laisse très difficilement voir. Si, d'autre part, sans prévenir la malade, on relève d'un seul coup, par un mouvement brusque, la paupière supérieure, on voit nettement la pupille qui n'a pas eu le temps de fuir en haut.

Ce sommeil a déjà duré quarante jours; il pourrait durer quarante semaines, voire quarante mois, plus même. Dans le cas de Gésine (de Grambke), dont j'ai rapporté l'observation en 1904 [1], le réveil n'est survenu qu'au bout de dix-sept ans; il s'est fait attendre vingt ans chez Marguerite B... (de Thenelles), que j'ai étudiée autrefois en compagnie du docteur Charlier d'Origny Sainte-Benoîte et au sujet de laquelle le docteur Bérillon avait déjà publié, en 1887, une étude très documentée.

Que fait-on d'ordinaire en présence de semblables cas? Rien, car on est convaincu de l'inefficacité de toute thérapeutique, en semblable occurrence : on attend le réveil spontané...

Pour le dire en passant, lorsque survient le réveil, il n'est spontané qu'en apparence. Il est d'ordinaire conditionné soit par une décharge urinaire, comme l'a si bien montré Charcot, soit, comme je l'ai relevé chez un certain nombre de dormeuses, par une intoxication; en voici des exemples : albuminurie chez Gésine (de Grambke), tuberculose chez Marguerite B... (de Thenelles), pneumonie chez Eudoxie qui fut longtemps hospitalisée à la Salpêtrière dans le service de notre éminent maître, le docteur Jules Voisin.

Alors, que faire en présence de ce sommeil hystérique? Attendre la modification physiologique ou pathologique qui permettra ou déterminera le réveil? On risquerait d'attendre très longtemps. Mais, en attendant, au moins on observera minutieusement la malade. Sans doute, les observations scientifiques sont intéressantes et ins-

---

[1] On trouvera un extrait de cette observation à la page 60.

tructives, mais combien plus intéressante et utile est la thérapeutique! Or, il y a quelque chose de poignant pour un médecin de rester les bras croisés devant un malade, sous prétexte qu' « il n'y a rien à faire ». Aussi, après avoir examiné Joséphine, je n'eus plus que cette obsession : parvenir à la réveiller.

J'avais d'ailleurs, en allant à Alençon, mon projet bien arrêté.

Procéder par suggestion directe, d'emblée, direz-vous? Non, car dans ces sortes de sommeils hystériques, les dormeuses n'obéissent pas aux suggestions, si même elles les entendent.

Ici, comme dans tous les cas difficiles, justiciables de la psychothérapie, l'essentiel, l'indispensable, est de rendre le malade accessible aux directions thérapeutiques; il faut modifier profondément le terrain, le rendre impressionnable et libérer, développer, réveiller la suggestionnabilité. Or, cela s'obtient par un biais, par un artifice détourné.

Comme l'a si justement écrit M. le professeur Raymond, le sommeil hystérique comporte « l'inhibition de certains centres corticaux ou sous-corticaux du cerveau ». La suggestion n'atteint pas un centre ainsi inhibé. Or, comment se représenter cette inhibition? Supposons un membre contracturé : il est frappé d'impotence fonctionnelle; si l'on parvient à le décontracturer, la fonction motrice revient à la faveur de la détente musculaire. De même, si l'on pouvait agir sur ces centres inhibés et provoquer, en quelque sorte, leur détente, peut-être provoquerait-on, par cela même, le rappel de leur fonction. C'est d'après ces idées que je me suis proposé de réaliser le programme suivant :

1° Transformer le sommeil pathologique en sommeil *narcotique;*

2° Transformer le sommeil narcotique en sommeil hypnotique;

3° A la faveur de ce dernier, imposer des suggestions thérapeutiques.

Mes prévisions se sont pleinement confirmées. J'ai eu la bonne fortune de réveiller Joséphine, grâce à l'artifice de la *narcose.* Celle-ci a été réalisée à l'aide du somnoforme qui m'a déjà rendu de signalés services en psychothérapie.

Je n'ai pas à insister sur les détails de la technique, qui fut longue et délicate, étant donné que le sujet respirait très superficiellement et, pour ainsi dire, au minimum. Bientôt, cependant, les mouvements respiratoires deviennent amples, profonds, réguliers, sonores : je sens qu'elle va être à ma merci. Au moment propice, profitant de l'hyponarcose, que je prolonge autant qu'il est nécessaire, je la suggestionne dans un état équivalent au sommeil hypnotique. Et mes suggestions se font persuasives ou impératives, appropriées aux circonstances.

Joséphine fait, tout d'abord, entendre un cri plaintif continu, une sorte de ah! ah! prolongé. Il semble qu'elle souffre.

— Où souffrez-vous, lui dis-je? Montrez la région avec la main.

Et lentement, d'une main qui hésite, tâtonne, elle montre le milieu du sternum. J'y fais alors des frictions avec un crayon à la capsicine; nous sommes peut-être en face d'une dysesthésie douloureuse, que cette révulsion influencera, je pense, heureusement.

Aussitôt, elle se met à vouloir cracher des mucosités glaireuses, qui font penser à ces expulsions pituiteuses œsophagiennes, si fréquentes chez les hystériques. Elle fait des efforts pour les cracher, mais elle s'en débarrasse avec peine, car ces mucosités sont très épaisses.

Elle continue à souffrir intérieurement dans la région qui répond au milieu du sternum. Ne se rendant pas bien compte de ce qui se passe, tout entière à sa douleur, se croyant peut-être très malade, elle ne cesse, pendant quelques minutes, de crier, en articulant, d'ailleurs très distinctement : « Hélas! Pitié, Seigneur! Prenez-moi, Seigneur! Ayez pitié de moi! Hélas! Seigneur, prenez-moi! »

Petit à petit, ma suggestion la rassure; ses plaintes cessent; j'obtiens qu'elle reste assise sur son lit, sans soutien, tenant elle-même, avec ses deux mains, la cuvette dans laquelle elle crache ses glaires.

Pour fluidifier ces dernières et à cause de la fétidité de l'haleine, je propose un lavage d'estomac, que l'on fait très copieux, plusieurs fois de suite; on le cesse, dès que le liquide ingéré revient tout à fait clair. Et quelques cuillérées de lait sont dégluties par Joséphine, avec hésitation il est vrai.

Dans le but de réveiller la sensibilité pharyngée, je badigeonne avec de la teinture d'iode les amygdales et les régions avoisinantes, me rappelant que cette pratique a donné de bons résultats dans un cas traité autrefois par le docteur Raffegeau (du Vésinet).

Sous l'influence de mes suggestions, incessamment répétées, elle s'éveille de plus en plus, elle les entend, elle manifeste sa joie, surtout quand je lui explique qu'elle va guérir, qu'elle sortira de l'hospice, qu'elle pourra, de nouveau, se placer, gagner sa vie, avoir de bons gages, etc. Elle rit, sa figure s'épanouit.

— Vous allez beaucoup mieux, lui dit-on; sentez-vous que ça va mieux?

— Oh oui! dit-elle avec conviction.

Tout de même, comme nous nous occupons d'elle depuis près de deux heures, elle se sent fatiguée; je demande qu'on lui apporte du café.

Elle accepte de bon cœur le café que je lui donne par cuillérées; bientôt elle se sent remontée, tonifiée.

On lui explique que je suis venu de Paris pour la guérir et qu'elle doit m'être reconnaissante; elle me sourit gracieusement, me serre spontanément la main et me dit : « Merci, Monsieur. »

Le réveil n'a pas été brusque, complet, instantané, comme chez Gésine (de Grambke), par exemple. Ici, il a été lent, progressif. En apparence, elle n'a gardé aucun souvenir de ce qui s'est passé pendant son sommeil; elle ne se rappelle ni son nom, ni son âge, ni l'endroit où elle est; ce n'est qu'après un long moment qu'elle reconnaît sœur Joséphine qui s'occupe d'elle avec dévouement.

Chose curieuse, la déglutition était à peu près facile et relativement régulière pendant le sommeil, alors qu'elle était uniquement réflexe et inconsciente. Après le réveil, on dit à Joséphine : « Buvez, avalez, avalez bien. » Cette fois, la déglutition, devenue consciente, se montre hésitante, difficultueuse, malhabile. Je dois, en lui donnant à boire, appeler son attention sur les différents mouvements qu'il faut qu'elle accomplisse; j'éduque ses lèvres à aller au devant du liquide et à se fermer sur lui, etc.

Elle est incapable de marcher, tellement ses muscles sont flasques et ont perdu le souvenir de la contraction. Tout de même, avec sa main, elle me serre les doigts, au commandement, lentement, petit à petit, et d'autant plus que je sollicite davantage son effort.

En somme, chez elle, toutes les rééducations sont à refaire. Mais elle est sortie de son sommeil pathologique, le terrain est profondément modifié; je l'ai rendue accessible aux rééducations fonctionnelles multiples, longues et patientes, auxquelles vont s'appliquer les médecins dévoués qui lui prodiguent leurs soins.

On pourra dire que j'ai, chez Joséphine, réalisé cette sorte de paradoxe : pour réveiller, endormir davantage. Mais ce n'est là qu'une apparence; la narcose a eu, précisément, pour effet de provoquer la détente, l'hypotaxie, la passivité grâce auxquelles les suggestions thérapeutiques deviennent efficaces.

IV

La dormeuse de Saint-Marcel.

Relation curieuse au sujet d'une fille du lieu de Saint-Marcel d'Ardèche, à 2 lieues de Pont-Saint-Esprit, qui tombe en léthargie le premier mars de chaque année et ne revient à elle que le dix-neuvième jour suivant [1].

Marianne Olivonne, du lieu de Saint-Marcel d'Ardèche, âgée d'environ 50 ans, est née de parents assez pauvres. N'aïant plus n'y père n'y mère, elle s'est retirée avec une de ses nièces mariée audit Saint-Marcel. Cette fille est sujette, depuis environ trente années, à une maladie aussi singulière qu'incompréhensible, qui lui arrive toujours le 1er mars et finit le 19 à minuit environ; accoutumée à cet accident, elle se confesse la veille ou le jour même; de retour chez

---

[1] **Extrait** d'un mémoire manuscrit inédit qui m'a été communiqué.

A. de R.

elle, on met des draps blancs à son lit; elle change de tout, prend un corset blanc, un mouchoir sur le col et se met au lit; on lui apporte le viatique et elle se fait remettre un crucifix qu'elle tient, les mains croisées sur sa poitrine.

Dans cet état, elle attend le moment de sa crise sans qu'elle en paraisse affectée. Elle reste enfin endormie sans douleur, n'y sans re-

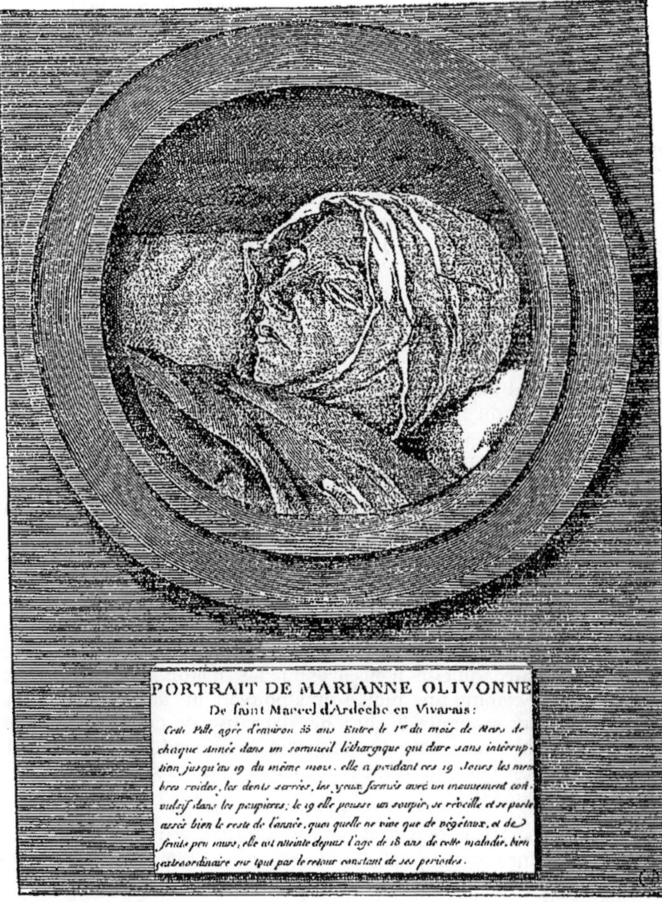

FIG. 4.

muer aucune partie de son corps; ses bras, ses jambes se raidissent comme une barre de fer sans pouvoir les séparer, ses paupières se ferment au même instant; ses dents se serrent de la manière la plus forte, sans qu'il soit possible de lui ouvrir la bouche; dans cet état de mort on n'a d'autre signe de vie qu'un petit mouvement continuel et presque imperceptible dans ses paupières fermées et un peu de rougeur sur les joües, son pouls étant presque sans sensation.

Ses parents ont l'attention de la tenir échauffée en mettant à ses pieds un caillou chaud et du linge par intervalle.

Pendant ces dix-neuf jours, elle ne boit ni ne mange; elle ne fait d'ailleurs aucune perte n'y par les urines, les sueurs, n'y autrement, les linges et les draps de lit restant très propres. Elle n'est nullement sensible à quoi qu'on lui fasse, pas même à des piqueures d'épingle que des gens durs lui ont enfoncées dans les jambes et dans les cuisses, mais dont elle ressent le mal à son réveil.

Le 19 mars environ minuit, elle revient de sa léthargie; pour premier signe, elle éternüe et, peu après, elle ouvre les yeux. Dans ce moment elle est foible et expirante, et parle d'une voix très basse. On mouille un linge avec de l'eau sucrée, on lui rafraîchit les lèvres et peu à peu on lui en insinue dans la bouche pour humecter et détacher une pellicule qu'on prétend qui se forme au gosier. Pouvant avaler, elle parle plus distinctement, mais toujours fort bas. Ensuite on lui fait prendre les aliments qui lui sont analogues, car elle ne mange ni pain ni viande; toute sa nourriture du courant de l'année ne consiste qu'en du fruit frais, comme amandes, pommes et autres fruits, et son repas seroit trop fort si elle mangeoit ordinairement le quart d'une pomme ou trois ou quatre amandes fraîches. Après quelques jours de repos, elle sort à l'ordinaire, mais si faible que le moindre vent la feroit tomber. Elle mène cette vie depuis trente ans et n'a pas d'autre incommodité dans le courant de l'année.

Cette maladie singulière attire beaucoup de curieux pour voir resusciter cette fille toujours à la même heure. On croïoit d'abord qu'il pouvoit y avoir de la fraude dans le cours de cette maladie, mais M^r et Mad^e de Bernis, seigneurs du lieu, ont fait veiller jour et nuit cette fille pour sçavoir si elle ne prenoit point d'aliment; l'on s'est enfin assuré qu'elle n'en prenoit n'y n'étoit susceptible d'en prendre, étant comme une morte sans pouvoir lui desserer les dents.

On laisse aux sçavants à chercher la cause de cette maladie qui paroit incroïable, de même que le genre de nourriture de cette fille; l'exposé que l'on vient de faire étant dans la plus exacte vérité.

Mars 1772.

La malade sur l'estampe est représentée les yeux clos. Le pincement des narines et les plis accusés du visage témoignent d'un certain état d'émaciation. La tête est entourée de bandelettes, mais cependant l'aspect général de la physionomie ne donne pas l'impression qu'on soit en présence d'une personne morte. Le talent de l'artiste a su donner à ces traits figés dans l'immobilité une expression de vie des plus saisissantes. Dans le mémoire, le nom d'Olivonne est transformé en celui d'Olivoire; il est probable que le véritable nom est celui qui est inscrit sur la gravure. Il serait intéressant de connaître si dans la localité de Saint-Marcel d'Ardèche en Vivarais, il subsiste encore des personnes appartenant à la même famille.

V

Cas divers.

En 1863, W. Gimson citait, dans le *British med. journal*, un cas de sommeil profond et prolongé qui, avec de courts intervalles, dura vingt années.

Le 17 octobre 1864, Blondel communiquait à l'Académie des Sciences de Paris l'observation d'une femme qui, à 18 ans, dormit pendant quarante jours; à 20 ans, pendant cinquante jours, et cela dans un état d'immobilité absolue avec anesthésie totale et contracture généralisée, à tel point que l'on fut contraint de dévisser une incisive à pivot pour lui introduire quelques cuillerées de lait et de bouillon dans l'estomac. A 22 ans, cette même personne s'endormait le matin du jour de Pâques de l'année 1902 et se réveillait au printemps suivant, en mars 1903, après un sommeil d'environ un an avec un embonpoint entièrement conservé. Pendant les crises, le pouls était lent, la respiration insensible, les évacuations nulles, l'anesthésie totale et la contracture généralisée.

Camuz et Planès ont observé un cas peu différent qui dura trois mois. (*Revue ann. méd. psychol.* Paris, 1886, t. III, p. 23.)

En 1882, on recueillit sur un banc de l'avenue de la Grande-Armée une jeune femme enceinte et endormie; on la porta à l'hôpital Beaujon où elle accoucha, quelques jours après, sans se réveiller; ce n'est qu'au bout de trois mois qu'on put la tirer de sa léthargie à l'aide de douches d'eau froide.

Il y a une dizaine d'années, le petit village de Saint-Paul, près Limoges, eut également sa dormeuse, une femme de 36 ans, Clara Duclerc, qui s'endormit après avoir mis au monde un enfant et ne reprit ses sens que sept à huit mois après.

Clara Duclerc n'avait nullement perdu la mémoire. Quand elle s'était endormie, son mari venait de la quitter pour aller prendre des nouvelles de la santé de son père, qui habitait le même village ; en se réveillant, cette femme, qui croyait s'être assoupie pendant quelques minutes seulement, demanda tranquillement à son mari :

— Tu es déjà rentré ? Eh bien ! père, comment va-t-il ?

Le vieillard était mort et enterré depuis six mois !

L'Echo du Merveilleux, dans son numéro du 15 mars 1904, rapporte le cas d'une personne de 33 ans, Maria Rottolo, fille du débitant de tabac à San Bovio, près de Limito (Milan). L'hiver dernier elle fut saisie d'un sommeil léthargique qui dura vingt-un jours. Pourtant, le quatorzième jour, la malade, sans ouvrir les yeux, avait paru se réveiller, puisqu'elle se mit à causer à voix basse ; elle put même prendre quelque nourriture. Ce réveil relatif dura une demi-heure ; il se renouvela les deux jours suivants, à la même heure à peu près.

Pendant ces trêves, Maria commença à montrer qu'elle savait tout ce que l'on faisait chez elle pendant son sommeil et même à prédire avec exactitude les incidents sur le point de se produire dans sa famille, tels que des visites de parents, etc. Une nuit, par exemple, la dormeuse annonça d'une voix excessivement faible à sa sœur, couchée à côté d'elle, qu'elle voyait des voleurs dans la cave de la maison ; ses parents s'y rendirent aussitôt, trouvèrent la porte toute grande ouverte et les traces évidentes d'un cambriolage interrompu. Les voleurs avaient fui en entendant arriver du monde.

Le lundi 16 novembre 1903, une femme de Grambke, petit village de l'Allemagne du Nord, qui dormait depuis dix-sept ans, se réveilla à l'occasion d'un incendie qui éclata à 2 heures du matin, dans le voisinage. Elle recouvra d'emblée sa pleine connaissance et pensait s'être mise au lit la veille.

Cette femme, nommée Gésine Meyer, était née en 1860. Elle avait une bonne santé quand elle tomba de voiture en 1877 et se fit à la tête une légère contusion. De violentes douleurs de tête lui firent perdre plusieurs fois connaissance les jours suivants ; vint ensuite un sommeil de trois mois, au bout desquels la dormeuse se réveilla spontanément.

Pendant plusieurs années, elle présenta des périodes de sommeil de durée variable; mais, le 22 novembre 1886, après un réveil de quatre jours, elle s'endormit pour ne se réveiller qu'au bout de dix-sept ans. Ce sommeil n'était pas de la catalepsie, mais aucun moyen ne pouvait l'en tirer. On la nourrissait et elle accomplissait la fonction de déglutition et toutes les autres consécutives. Chez elle, l'anesthésie auditive était totale; les yeux étaient toujours fermés, mais elle détournait la tête quand on apportait une lumière. La sensibilité tactile et musculaire était très obtuse. Le goût était conservé, ainsi que l'odorat, témoin la répugnance observée à l'approche d'une odeur désagréable et les dents qui se serraient à l'introduction, dans la bouche, d'un aliment qu'elle n'aimait pas. Elle a traversé, pendant son sommeil, plusieurs maladies qui ont évolué comme d'habitude.

A son réveil, elle reconnut toutes les personnes qu'elle connaissait auparavant, mais elle était étonnée de les trouver vieillies. Tous ses sens ont repris leur fonctionnement normal; mais on a été obligé de lui réapprendre à marcher. Elle a été observée avec soin par le docteur Farez, à qui l'on doit ces détails.

En 1864, à Grenoble, un soldat tailleur au 46e de ligne, caserné à l'Oratoire, s'en fut faire sa sieste dans les combles du bâtiment occupé par la compagnie hors rang et sur le tas de chiffons du maître tailleur.

A peine était-il endormi que les ouvriers vinrent vider de nouveaux sacs de chiffons sans s'apercevoir de la présence de leur camarade, l'endroit étant un peu obscur.

On fit sur l'absence de cet homme mille conjectures.

Onze jours après, on ne fut pas peu surpris d'apprendre que les tailleurs, en ramassant les chiffons vendus, venaient de découvrir leur camarade vivant.

En effet, celui que l'on avait porté décédé sur les états de mutations reprenait peu à peu ses sens après quelques cordiaux apportés par la cantinière à l'infirmerie régimentaire où on l'avait transporté.

Et le décédé figura de nouveau sur les contrôles avec la mention: *mort par erreur*.

Il y a quelques années, dans le Brabant, une femme nommée Henriette Briffault dormait depuis huit ans et dort peut-être encore.

Le sommeil persistant d'Henriette Briffault est entouré, en Belgique, d'une légende. A l'âge de 13 ans, Henriette gardait les oies dans les champs; c'était une gamine à l'aspect chétif, douée d'un caractère très sombre; jamais elle ne jouait avec ses petites camarades et toujours elle rêvassait.

Un soir, elle rentra chez ses parents fortement émue; elle tremblait de tous ses membres et il fallut toute l'autorité de son père pour qu'elle se décidât à parler. Elle raconta que, dans les champs, elle avait vu à diverses reprises N.-S. Jésus-Christ.

Pendant qu'elle parlait, Henriette fut prise d'une violente crise de nerfs, à laquelle succéda une crise de larmes, puis la fillette s'endormit. Mais le lendemain il fut impossible de la réveiller: elle était absolument insensible. Un médecin mandé déclara qu'il s'agissait d'un cas de léthargie et qu'il fallait attendre.

On attendit donc. Les parents firent dire des messes. Pourtant, Henriette ne se réveillait pas. La demeure de ses parents devint un lieu de pèlerinage, on se rendait dans la chambre de la dormeuse, transformée en autel, et l'on allait prier.

Ce phénomène parvint aux oreilles de l'évêque, qui se rendit au domicile des Briffault. L'évêque, après avoir vu la gamine, dont le corps était passé à l'état de squelette, conseilla aux parents de mander des médecins de la Faculté de Bruxelles. Ils s'y refusèrent énergiquement, disant qu'il ne fallait pas aller contre la volonté de Dieu.

Le vendredi saint arriva et, selon la légende, un fait extraordinaire se manifesta. Des plaies assez profondes, comme si elles avaient été produites par un instrument tranchant, s'ouvrirent aux mains et aux pieds de la jeune dormeuse. Durant toute la journée du sang s'écoula de ces plaies, lesquelles étaient cicatrisées le lendemain et avaient disparu le jour de Pâques.

Dès lors, les pèlerinages chez les Briffault furent des plus suivis, sans que jamais l'autorité ecclésiastique pressentie par

les parents de la malade voulût s'en préoccuper, estimant que
le cas d'Henriette relevait uniquement de la médecine.

La légende ajoute que les phénomènes qui se produisirent
le vendredi saint se renouvelèrent chaque année à cette
époque.

Le docteur Sémelaigne a publié l'observation d'un de ses
pensionnaires qui eut des crises de sommeil pathologique.
Une première crise dura sept mois, pendant lesquels il y eut
sommeil ininterrompu, une suspension apparente complète
de la vie psychique. Après un rétablissement de très courte
durée, il se rendormit.

Une nouvelle crise, qui devait être la dernière, durait déjà
depuis quinze mois, et on se demandait vraiment ce qui allait
advenir, lorsque dans le courant de juillet 1883, un beau
jour, la figure devint rouge et la respiration plus fréquente,
et sans qu'aucun signe de connaissance ait pu éclairer la
scène, en deux heures il succomba. La mort remplaça le sommeil.

En faisant l'addition des journées de sommeil, on trouve
que, en huit années, il a eu 37 crises, dont la plus courte a été
de sept jours et la plus longue de quatre cent soixante-cinq :
en bloc, quatre ans et sept mois de sommeil pathologique en
un peu moins de huit années d'existence.

L'autopsie de ce malade ne donna rien de caractéristique.

Le *Cosmos* du 15 février 1886 rapporte qu'une jeune femme
de la Nébraska est restée dans un état de léthargie cataleptique pendant soixante-dix jours ; à bout de moyens, on a
tenté de la réveiller par une violente décharge d'une batterie
électrique ; l'expérience, qui aurait pu mal tourner, a parfaitement réussi.

VI

Les exemples de longs sommeils sont rares dans la vie des
saints qui ont mieux à faire que de dormir pendant leur vie
terrestre. Je ne connais que la légende des sept jeunes chré-
tiens d'Ephèse qui, en l'an 250 de notre ère, sous le règne de
l'empereur Decius, se réfugièrent avec leur chien dans une

caverne, près de la ville, s'y endormirent tous les huit, et ne se réveillèrent que deux cents ans après sous le règne de Théodore le Jeune.

On trouve en revanche, dans les hagiographies, d'assez nombreux exemples du phénomène inverse, c'est-à-dire de la privation de sommeil. En voici quelques-uns cités par l'abbé Ribet (*Mystique divine*, t. II, p. 512) :

Saint-Macaire d'Alexandrie passe vingt jours et vingt nuits sans dormir; mais, à la fin, il est obligé de céder, sa tête s'en allant dans le délire. Sainte Colette donnait très peu au sommeil, quelquefois une heure par semaine; et au dire de son historien, elle fut une année entière sans discontinuer sa veille. Pendant plus de trente ans, Sainte Lidwine ne dormit pas l'équivalent de trois nuits. Saint Pierre d'Alcantara ne dormit, pendant quarante ans, qu'une heure et demie par nuit... La bienheureuse Agathe de la Croix passa les huit dernières années de sa vie dans une veille incessante. Saint Elpide, dont nous avons déjà signalé l'abstinence, ne dormit, dit-on, jamais pendant vingt-cinq ans, consacrant toutes les nuits à la prière et au chant des psaumes. Après la mort de ce maître admirable, son disciple *Sisinnius s'enferma dans un tombeau et y vécut trois années durant, debout, immobile et dans une oraison continuelle.*

Il est probable qu'on trouverait des cas analogues chez les fakirs de l'Inde.

En 1912, M. Albert Herpin, de Treaton (Australie), déclarait à un correspondant du *Daily Express* que depuis trente ans il n'avait pas goûté une heure de sommeil.

« J'ai maintenant 60 ans, a-t-il dit, et depuis la mort de ma femme, c'est-à-dire depuis environ trente ans, je n'ai pas dormi une minute. Mieux: je n'éprouve jamais le besoin de dormir.

« Je passe mes nuits dans un fauteuil, où souvent il m'arrive de rêver tout en étant éveillé. Aussi suis-je très heureux de pouvoir dire que je n'ai rien perdu des trente dernières années de ma vie, puisque je n'ai jamais été plongé dans cette inconscience qu'on nomme le sommeil, chose que je juge inutile à l'homme. »

CHAPITRE III

I

La léthargie et les signes de la mort.

Pendant les longs sommeils, le dormeur respire, son cœur bat et sa température reste sensiblement normale. Si ces symptômes viennent à manquer, le sujet présente toutes les apparences de la mort et, trop souvent, hélas, elles ont provoqué des inhumations prématurées. Les journaux de médecine en citent un très grand nombre de cas. Je me bornerai ici à en rappeler quelques-uns.

Le grand anatomiste André Vésale commit lui-même cette erreur et enfonça un jour son scalpel dans un corps qui n'était qu'en léthargie. Le docteur Bouchu parle d'une léthargique que son amant aurait déterrée pour la revoir une dernière fois. Il l'aurait trouvée vivante et aurait ensuite vécu de nombreuses années avec la prétendue décédée.

On lit dans le *Journal des Savants* (année 1744) que le colonel Russel, ayant vu mourir sa femme qu'il avait tendrement aimée, ne voulut pas souffrir qu'on l'enterrât et menaça de tuer quiconque s'entremettrait pour emporter le corps avant qu'il eût constaté par lui-même la décomposition. Huit jours se passèrent sans que sa femme donnât le plus léger signe de vie, « quand, à un moment où il lui tenait la main et la mouillait de larmes, la cloche de l'église vint à sonner, et, à son indescriptible surprise, sa femme se mit sur son séant, puis dit : — C'est le dernier coup, nous allons arriver trop tard. — Elle se rétablit. »

M. Blandet a communiqué à l'Académie des sciences, dans la séance du 17 octobre 1864, un rapport sur une jeune femme d'une trentaine d'années qui, sujette à des accidents nerveux, tombait, à la suite de ses crises, dans une espèce de sommeil léthargique durant plusieurs semaines et quelquefois plusieurs mois. Un de ses sommeils dura notamment du commencement de l'année 1862 jusqu'en mars 1863.

Le docteur Paul Levasseur rapporte[1] que dans une famille anglaise la léthargie semblait être devenue héréditaire. Le premier cas se déclara chez une vieille dame qui resta pendant quinze jours dans une immobilité et une insensibilité complètes et qui, recouvrant ensuite la connaissance, vécut encore pendant assez longtemps. Avertie par ce fait, la famille conserva, pendant plusieurs semaines, un jeune homme qui, lui aussi, paraissait mort et finit par revenir à la vie.

Le docteur Pfendler, dans sa thèse inaugurale (Paris, 1833), décrit minutieusement un cas de mort apparente dont il a été lui-même témoin. Une jeune fille de Vienne (Autriche) fut attaquée, à l'âge de 15 ans, d'une maladie nerveuse qui amena de violentes crises suivies de léthargies qui duraient trois ou quatre jours. Au bout de quelque temps elle était tellement épuisée que les premiers médecins de la ville déclarèrent qu'il n'y avait plus d'espoir. On ne tarda pas, en effet, à la voir se soulever sur son lit et retomber comme frappée par la mort. « Pendant quatre heures, elle me parut, dit le docteur Pfendler, complètement inanimée. Je fis, avec MM. Franck et Schœffer, tous les essais possibles pour allumer une étincelle de vie. Ni miroir, ni plume brûlée, ni ammoniaque, ni piqûres ne réussirent à nous donner un signe de sensibilité. Le galvanisme fut employé sans que la malade montrât quelque contractilité. M. Franck la crut morte, me conseillant toutefois de la laisser sur son lit. Pendant vingt-huit heures aucun changement ne survint: on croyait déjà sentir un peu de putréfaction. La cloche des morts était sonnée; les amies de la jeune fille l'avaient habillée de blanc et couronnée de fleurs; tout se disposait autour d'elle pour l'inhumation. Voulant me convaincre des progrès de la putréfaction, je revins auprès de Mlle de M...; la putréfaction n'était pas plus avancée qu'auparavant. Quel fut mon étonnement quand je crus voir un léger

---

[1] *De la catalepsie au point de vue de la mort apparente.* Rouen, 1866.

mouvement de respiration. Je l'observai de nouveau et vis que je ne m'étais pas trompé. Aussitôt je pratiquai des frictions, j'eus recours à des irritants et, après une heure et demie, la respiration augmenta. La malade ouvrit les yeux et, frappée de l'appareil funèbre qui l'entourait, revint à la connaissance et me dit: « Je suis trop jeune pour mourir. » Tout cela fut suivi d'un sommeil de dix heures; la convalescence marcha très rapidement, et cette jeune fille se trouva débarrassée de toutes ses indispositions nerveuses. Pendant sa crise, elle entendit tout: elle rapporta quelques paroles latines prononcées par M. Franck. Son plus affreux tourment était d'entendre les préparatifs de sa mort sans pouvoir sortir de sa torpeur [1]. »

Le 10 novembre 1812, pendant la fatale retraite de Russie, le commandant Tascher voulant ramener en France le corps de son général tué par un boulet et qu'il avait enseveli depuis la veille, le déterre, le charge sur un landau, s'aperçoit qu'il respire encore et le ramène à la vie à force de soins. Bien longtemps après c'était ce même général d'Ornano, alors maréchal, qui tenait un des coins du drap funèbre aux obsèques de l'aide de camp qui l'avait enterré.

En 1826, un jeune prêtre revient également à la vie au moment où l'évêque du diocèse prononçait le *De Profundis* sur son corps. Quarante ans après, ce prêtre, devenu le cardinal Donnet, prononçait, au Sénat, un discours profondément senti sur le danger des inhumations précipitées. (*Moniteur* du 1er mars 1866, p. 238.)

Le *Figaro* du 6 mai 1887 rapporte le fait suivant:

Le major Majuroff, un jeune officier d'artillerie de 35 ans,

---

[1] En 1882, dans le service de M. Dumontpallier à la Pitié, une jeune fille tomba dans un sommeil léthargique à la suite de l'effroi qu'elle avait ressenti en voyant s'approcher de son lit, pendant la nuit, une voisine en délire. On la réveilla au bout de quelques heures par la simple action du regard sur ses paupières baissées et elle raconta qu'elle ne perdait pas un mot de ce qui se disait autour d'elle, mais qu'elle ne pouvait faire aucune espèce de mouvement; elle aussi craignait qu'on ne l'ensevelît dans cet état.

Le curare a des effets analogues; les malheureux blessés par les flèches enduites de ce terrible poison continuent à voir avec leur œil fixe, conservent l'ouïe, mais perdent toutes les autres facultés et se sentent enfermés dans leur propre corps comme dans un cercueil de verre moulé sur leurs membres.

aide de camp du gouverneur d'Odessa, mourait subitement il y a dix-sept jours: toutes les autorités militaires et civiles assistèrent aux obsèques. Il y a quelques jours, on procéda à la réparation du caveau de famille situé dans la nécropole. Quelle ne fut pas la surprise des ouvriers en apercevant que le couvercle du cercueil était soulevé! Ils enlevèrent vivement le couvercle et le linceul : le corps était retourné face à terre, la figure atrocement lacérée et la chair des mains complètement rongée. Le corps saignait encore. Au moment où on parvenait à retirer l'infortuné major de son cercueil, il expira. Il était resté quinze jours enterré vivant.

Le docteur Simon Carleton prétend que, sur 30.000 inhumations, il y a une personne enterrée vivante. D'après ses calculs, depuis l'ère chrétienne et rien qu'en Europe, il y aurait eu environ quatre millions d'hommes enterrés vivants.

Aussi beaucoup de physiologistes se sont-ils préoccupés de déterminer les signes certains de l'extinction de la vie.

En 1895, un Anglais, M. Edwin Haward, a publié, dans *The Lancet,* une étude sur ce sujet à l'occasion d'une mort qu'il avait été appelé à constater et où il procéda successivement à dix épreuves. Or, sur ces dix épreuves, huit furent affirmatives; les deux autres provoquèrent des doutes.

Voici quelles avaient été les preuves affirmatives:

« 1° Le cœur avait complètement cessé de battre et ne rendait plus aucun bruit;

« 2° Tous les sons et tous les mouvements respiratoires s'étaient arrêtés;

« 3° La température du corps s'était abaissée au niveau de la température de l'air ambiant;

« 4° Une aiguille brillante, plongée dans le biceps, où elle avait été laissée pendant quelques minutes, ne présentait pas, quand elle fut retirée, la moindre trace d'oxydation;

« 5° Traversés par des courants électriques intermittents, divers muscles ou groupe de muscles n'offraient aucun symptôme d'irritabilité;

« 6° La ligature du bras ne déterminait pas le gonflement des veines;

« 7° Des injections sous-cutanées d'ammoniaque avaient

donné les taches brunes qui passent pour caractériser la décomposition;

« 8° La rigidité, dite cadavérique, était flagrante. »

Etait-ce donc que la personne était bien morte? Incontestablement oui, si l'on s'en était tenu là... Mais M. Haward, s'étant avisé d'ouvrir une veine pour vérifier la coagulation du sang, ne fut pas peu surpris de le trouver fluide. Il est admis, d'autre part, que si l'on regarde à travers la main un foyer de lumière intense, les doigts sont séparés, tant que *le sujet est encore vivant,* par une ligne écarlate qui disparaît *après la mort.* Or, la ligne écarlate était très nette et très marquée.

La décomposition [1], qui ne tarda pas à se produire, trancha la question en prouvant que la mort était bien réelle.

---

[1] Cette décomposition commence à se manifester sur le cadavre par une tache verte abdominale qui n'apparaît généralement pas avant le quatrième jour après la mort ; mais elle se dénonce plus tôt par la formation abondante, dans les poumons, de gaz sulfurés qui s'échappent par les fosses nasales. Aussi le docteur Icard propose-t-il de déposer sous les narines un morceau de papier sur lequel on a tracé, avec une solution d'acétate neutre de plomb, quelques signes, invisibles normalement, mais qui apparaissent en noir sous l'influence des gaz sulfurés.

Une précaution encore plus sûre est de retarder l'inhumation jusqu'à la décomposition et, pour éviter les inconvénients que ce retard présente dans les maisons particulières, d'avoir à la disposition du public des chambres funéraires comme celles qui fonctionnent actuellement avec le plus grand succès en Italie, en Allemagne, en Suisse et aux Etats-Unis.

Dans une vaste salle, semblant quelque paisible dortoir, les morts reposent allongés sur un lit ; une poire en caoutchouc, actionnant une sonnerie pneumatique, est glissée entre leurs doigts, une autre poire identique est placée sous la nuque du mort. A la moindre crispation, au moindre mouvement d'un léthargique qui se réveille, les gardiens accourent, et voilà un homme sauvé. Pour les autres, au bout de quelques jours, quand, avec la décomposition cadavérique qui commence, le doute n'est plus permis, on les inhume en toute sécurité.

II

La suspension volontaire de la vie et l'inhumation temporaire des fakirs.

La respiration est certainement beaucoup plus nécessaire à la vie que l'alimentation, mais elle n'est point absolument indispensable, ainsi qu'on l'a vu dans les cas de mort apparente que nous avons cités. On peut même arriver, par l'exercice, à s'accoutumer, jusqu'à un certain point, à l'abstinence d'air comme on s'habitue à l'abstinence d'aliments.

Les gens qui font le métier de plonger pour la pêche des coraux, des perles ou des éponges, arrivent à passer de 2 à 3 minutes sous l'eau. Miss Lurline, qu'on voyait à Paris, en 1882, dans son aquarium, restait ainsi 2 minutes et demie sans respirer. Henry de Rochas, médecin de Louis XIII, donne, dans son traité *De la Nature,* 6 minutes pour la limite maximum du temps qui peut s'écouler entre deux prises d'air successives.

Ce chiffre, qui était considéré comme exagéré, bien que le docteur Preyer eût observé qu'un hamster restait parfois 5 minutes sans respirer d'une façon appréciable après quinze jours de sommeil, a été atteint en 1912 par un maître baigneur nommé Pouliguen, qui resta 6 minutes 29 secondes 4/5 sous l'eau dans une piscine; après quoi il remonta sans avoir souffert de sa longue immersion et vint saluer le public qui assistait à l'expérience. En 1907, il était resté immergé pendant 4 minutes 39 secondes et n'avait pu résister davantage. En 1896, le nageur Moch était demeuré sous l'eau 4 minutes 35 secondes et était en fâcheux état quand on le ramena à la surface. Quelque temps après, un autre nageur, Cavill, fut remonté mort après 5 minutes de plongée.

Le docteur Dechambre raconte, dans son *Dictionnaire encyclopédique* (t. IX, p. 557), l'histoire d'un Hindou qui se cachait dans les eaux du Gange aux endroits où se baignaient les dames de Calcutta, saisissait l'une d'elles par les jambes, la noyait et lui enlevait ensuite ses bijoux. On attribuait sa disparition aux crocodiles. Une femme étant parvenue à lui

échapper, elle dénonça l'assassin qui fut saisi et pendu en
1817.

L'arrêt volontaire des mouvements du cœur est plus rare.

Catherine Crowe rapporte ainsi, dans le chapitre V de son
livre intitulé *Les côtés obscurs de la nature,* deux cas bien
constatés de cet arrêt volontaire chez des hommes. Le premier
cas est celui du colonel anglais Townshend.

« Le colonel pouvait mourir, en apparence, quand il le
voulait; son cœur cessait de battre; il n'y avait plus de respiration perceptible et tout son corps devenait froid et rigide
comme la mort elle-même; les traits étaient pincés et blêmes,
les yeux vitreux. Il restait plusieurs heures en cet état, puis
revenait tout à coup à la vie; mais cette résurrection ne semblait pas le résultat d'un effort de volonté, ou plutôt nous ne
savons pas si tel était le cas. Nous ne savons pas non plus si,
quand il revenait à la vie, il lui restait des souvenirs de l'état
qu'il quittait, ni comment cette faculté étrange fut d'abord
découverte et développée, points importants et bien dignes
d'être approfondis. D'après le récit du docteur Cheyne, qui fut
son ami, le colonel Townshend décrivait ainsi lui-même le
phénomène auquel il était sujet. — Il pouvait mourir ou expirer quand il lui plaisait et pouvait néanmoins revenir à la
vie en faisant un effort ou d'une façon quelconque. — Il fit
cette expérience en présence de deux médecins et de son apo-
thicaire: l'un (le docteur Baynard) garda la main sur son
cœur, l'autre (le docteur Cheyne) tint son pouls et le troisième
(M. Shrine) plaça un miroir devant ses lèvres. Ils constatèrent
ainsi que la respiration et la pulsation cessèrent graduellement et si bien qu'après s'être consultés quelque temps sur
son état, ils allaient quitter la chambre, persuadés qu'il était
mort, quand les signes de la vie réapparurent et il revint peu
à peu à lui. Il n'est pas mort pendant une nouvelle expérience,
ainsi qu'on l'a quelquefois affirmé. »

Le second cas est celui d'un fakir des environs de Calcutta
qui avait pour spécialité de se faire ensevelir et de rester plusieurs mois sous terre. Il avait déjà accompli plusieurs fois
ce prodige lorsqu'il fut mis à l'épreuve par quelques officiers
et résidents européens.

« Le capitaine Wade, agent politique à Loodhiana, était

présent lorsqu'il fut déterré, dix mois après avoir été enterré par le général Ventura devant le maharadjah (de Sehore) Randjet-Sing et ses principaux sirdars.

« Il paraît que cet homme s'était préparé à cette épreuve par certains procédés qui, dit-on, annihilent temporairement la faculté de digérer, si bien que du lait reçu dans l'estomac ne subit aucun changement. Puis il chasse toute sa respiration dans son cerveau qui devient très chaud; ses poumons s'affaissent alors et son cœur cesse de battre. Il bouche ensuite avec de la cire toutes les ouvertures du corps par où l'air pourrait pénétrer, excepté la bouche; mais il retourne la langue de façon à boucher le gosier; après quoi il perd tout sentiment. On le dépouille alors de ses vêtements et on le met dans un sac de toile; et, dans le cas dont il s'agit ici, le sac fut scellé avec le propre cachet de Randjet-Sing; après quoi on le plaça dans une caisse en bois, qui fut également ficelée et scellée, puis descendue dans un caveau, sur la fermeture duquel on étendit de la terre. Dans cette terre on sema de l'orge et on plaça des sentinelles pour le garder. Le maharadjah cependant était tellement défiant qu'en dépit de toutes ces précautions, il fit déterrer et examiner deux fois le corps pendant le cours de ces dix mois, et on le trouva, chaque fois, exactement dans le même état que quand on l'avait enfermé. »

Le fakir dont il vient d'être question s'appelait Haridès. Il était âgé de 30 ans. Son inhumation momentanée eut lieu en 1838.

Comme des faits aussi extraordinaires ne peuvent s'établir que par la concordance de nombreux témoignages et l'accumulation des détails, nous reproduisons ici un autre récit du même événement, dû à M. Osborne [1].

A la suite de quelques préparatifs qui avaient duré plusieurs jours

---

[1] M. Osborne, secrétaire du Gouvernement général de l'Inde, chargé en 1838 d'une mission à la cour du maharadjah, tenait ce récit du capitaine Wade, qui avait assisté seulement à l'exhumation. Il a été publié en 1842, dans le *Magasin pittoresque*, par un écrivain qui venait de voir à Paris le général Ventura et avait obtenu de lui la confirmation complète du récit du capitaine Wade. Le général Ventura était un officier français au service du maharadjah.

et qu'il répugnerait d'énumérer [1], le fakir déclara être prêt à subir l'épreuve. Le maharadjah, les chefs sikhs et le général Ventura se réunirent près d'une tombe en maçonnerie construite exprès pour le recevoir. Sous leurs yeux, le fakir ferma avec de la cire, à l'exception de sa bouche, toutes les ouvertures de son corps qui pouvaient donner entrée à l'air; puis il se dépouilla des vêtements qu'il portait; on l'enveloppa alors dans un sac de toile, et, suivant son désir, on lui retourna la langue en arrière de manière à lui boucher l'entrée du gosier. Aussitôt après cette opération, le fakir tomba dans une sorte de léthargie. Le sac qui le contenait fut fermé et un cachet y fut apposé par le maharadjah. On plaça ensuite ce sac dans une caisse de bois cadenassée et scellée qui fut descendue dans la tombe; on jeta une grande quantité de terre dessus, on foula longtemps cette terre et on y sema de l'orge, enfin des sentinelles furent placées tout à l'entour avec ordre de veiller jour et nuit.

Malgré toutes ces précautions, le maharadjah conservait des doutes; il vint deux fois dans l'espace de dix mois, temps pendant lequel le fakir resta enterré, et il fit ouvrir devant lui la tombe. Le fakir était dans le sac tel qu'on l'y avait mis, froid et inanimé. Les dix mois expirés, on procéda à l'exhumation définitive du fakir. Le général Ventura et le capitaine Wade vinrent ouvrir les cadenas, briser les scellés et élever la caisse hors de la tombe. On retira le fakir : nulle pulsation, soit au cœur, soit au pouls, n'indiquait la présence de la vie. Comme première mesure destinée à le ranimer, une personne lui introduisit très doucement le doigt dans la bouche et replaça sa langue dans sa position naturelle. Le sommet de la tête était seul demeuré le siège d'une chaleur sensible. En versant lentement de l'eau chaude sur le corps, on obtint peu à peu quelques signes de vie; après deux heures de soin, le fakir se releva et se mit à marcher en souriant.

---

[1] Voici, d'après une autre source, quelles étaient ces précautions :

Tout d'abord, il fit construire par ses disciples une petite case mi-souterraine où il s'enferma, accroupi dans la pose chère aux dieux, pour s'habituer peu à peu à la raréfaction de l'air.

Tandis qu'il priait dévotement, ses disciples, en effet, lutaient la porte avec de la terre glaise. Il demeura d'abord quelques minutes, puis quelques heures, puis des jours, puis une semaine dans cette case.

En même temps, il s'exerçait à retenir son souffle; quelques secondes d'abord et, méthodiquement, de plus en plus longtemps — jusqu'à quatre-vingts minutes (!)

Il se fit pratiquer sous la langue, à raison d'une par semaine, vingt-quatre incisions transversales accompagnées de massages qui lui permirent de retourner ce muscle la pointe en arrière, fermant à volonté le pharynx...

Durant tout le temps de son entraînement, il ne vécut que de légumes et observa une continence absolue.

Cet homme, vraiment extraordinaire, raconte que, durant son ensevelissement, il a des rêves délicieux, mais que le moment du réveil lui est toujours très pénible. Avant de revenir à la conscience de sa propre existence, il éprouve des vertiges. — Ses ongles et ses cheveux cessent de croître. Sa seule crainte est d'être entamé par les vers et les insectes; c'est pour s'en préserver qu'il fait suspendre la caisse où il repose au milieu de la tombe [1].

Ces cérémonies constituent un spectacle assez rare et très recherché; aussi les médecins européens qui ont pu en être les témoins n'ont-ils pas manqué de les décrire. C'est ce qu'a fait notamment le Dr Honigberger [2] à propos de deux autres inhumations temporaires du même fakir Haridès dont l'une dura six semaines et l'autre quatre mois.

Ses récits ont été publiés et analysés dans divers journaux avec plus ou moins de détails dont nous reproduisons ci-dessous les principaux.

Au jour fixé et en présence de la cour et du peuple, le fakir s'assit, les jambes croisées sur un linceul de lin, le visage tourné vers le Levant. Il fixa avec ses yeux l'extrémité de son nez. Au bout de quelques instants, les yeux se fermèrent et les membres se raidirent. Ses serviteurs accoururent alors et lui bouchèrent les narines avec des tampons de lin enduits de cire. On enferma le corps dans le linceul en le nouant au-dessus de sa tête comme un sac. Le nœud fut cacheté au sceau du rajah et l'on déposa le corps dans une caisse en bois qui fut également scellée.

Cette caisse fut placée dans un caveau qu'elle remplit tout entier. La porte en fut également cachetée, puis murée et le tombeau gardé jour et nuit.

Au bout de six semaines, terme convenu pour l'exhumation, une affluence accourut sur le lieu de l'événement. Le rajah fit enlever la

---

[1] Un autre officier anglais, M. Boileau, dans un ouvrage publié vers 1840, et le docteur Mac-Gregor, dans sa topographie médicale de Lodhiana, racontent, avec des circonstances analogues, deux autres exhumations dont ils ont été témoins séparément. Dans celle qui fut observée par le docteur Mac-Gregor, le fakir resta enterré quarante jours et quarante nuits.

[2] Le médecin autrichien Honigberger a longtemps rempli les fonctions de médecin particulier du rajah de Lahore. C'est lui qui a dessiné le portrait que nous reproduisons ici.

terre glaise qui murait la porte et reconnut que son cachet, qui la fermait, était intact.

On ouvrit la porte, la caisse fut sortie avec son contenu, et quand

Le Fakir Haridès
d'après un dessin du Dr Honigberger.

il fut constaté que le cachet dont elle avait été scellée était également intact, on l'ouvrit.

Le docteur Honigberger fit la remarque que le linceul était recouvert de moisissures, ce qui s'expliquait par l'humidité du caveau. Le corps du solitaire, hissé hors de la caisse par ses disciples et toujours entouré de son linceul, fut appuyé contre le couvercle; puis, sans le découvrir, on lui versa de l'eau chaude sur la tête. Enfin, on le dépouilla du suaire qui l'enveloppait, après en avoir vérifié et brisé les scellés.

Alors le docteur Honigberger l'examina avec soin. Il était dans la même attitude que le jour de l'ensevelissement, seulement la tête reposait sur une épaule. La peau était plissée; les membres étaient raides. Tout le corps était froid, à l'exception de la tête qui avait été arrosée d'eau chaude. Le pouls ne put être perçu aux radiales pas plus qu'aux bras ni aux tempes. L'auscultation du cœur n'indiquait autre chose que le silence de la mort.

La paupière soulevée ne montra qu'un œil vitreux et éteint comme celui d'un cadavre.

Les disciples et les serviteurs lavèrent le corps et frictionnèrent les membres. L'un d'eux appliqua sur le crâne du yoghi une couche de pâte de froment chaude, que l'on renouvela plusieurs fois, pendant qu'un autre disciple enlevait les tampons des oreilles et du nez et ouvrait la bouche avec un couteau. Haridès, — c'était le nom du yoghi, — semblable à une statue de cire, ne donnait aucun signe indiquant qu'il allait revenir à la vie.

Après lui avoir ouvert la bouche, le disciple lui prit la langue et la ramena dans sa position normale, où il la maintint, car elle tendait sans cesse à retomber sur le larynx. On lui frictionna les paupières avec de la graisse et une dernière application de pâte chaude fut faite sur la tête. A ce moment le corps de l'ascète fut secoué par un tressaillement, ses narines se dilatèrent, une profonde inspiration s'ensuivit, son pouls battit lentement et ses membres tiédirent.

Un peu de beurre fondu fut mis sur la langue et après cette scène pénible, dont l'issue paraissait douteuse, les yeux reprirent tout à coup leur éclat.

La résurrection du yoghi était accomplie; il avait fallu une demi-heure pour le ranimer et ses premières paroles furent, en apercevant le rajah : « Me crois-tu maintenant ? » Au bout d'une autre demi-heure, le fakir, bien que faible encore, mais revêtu d'une riche robe d'honneur et décoré d'un collier de perles et de bracelets d'or, trônait à la table royale.

Dans une autre occasion, le même rajah fit enterrer ce même fakir dans un caveau à 2 mètres sous le sol. L'espace autour du cercueil fut rempli de terre foulée; le caveau fut muré; on jeta de la terre par-dessus et on sema de l'orge à la surface. Le fakir resta enterré quatre mois et n'en ressuscita pas moins.

Un de mes amis, qui a longtemps habité l'Inde, m'a envoyé le récit très détaillé d'un autre ensevelissement qui lui avait été communiqué par un témoin oculaire.

Je fus un jour invité à Tangore, dans le Dekhan méridional, à la plus singulière cérémonie. Il ne s'agissait rien moins que de l'exhumation d'un fakir enterré vivant depuis vingt jours.

Un *semiani* de la secte de Vichnou avait prétendu qu'il pouvait vivre un temps illimité sans boire ni manger et, de plus, enfermé dans un tombeau. Ayant accompli à plusieurs reprises ce tour merveilleux, il était devenu pour les Hindous un saint personnage placé sous la protection directe du Dieu conservateur. L'autorité anglaise, voulant profiter de l'occasion qui lui était offerte de porter un coup mortel à la superstition (elle le croyait du moins), proposa au fakir de l'ensevelir elle-même. A l'étonnement de chacun, le fakir accepta. En présence d'officiers anglais et d'une foule immense d'Européens et d'indigènes, il fut descendu dans un tombeau qu'on recouvrit de terre, qu'on entoura de factionnaires et qu'on ne devait ouvrir que lorsque le vingtième jour serait écoulé. Ce délai expiré, en présence des autorités, devait avoir lieu l'ouverture du tombeau, où l'on croyait bien ne plus trouver qu'un cadavre.

En présence du délégué du Gouvernement, des brahmines gravement enveloppés dans leurs longues robes jaunes et d'une foule nombreuse, les fossoyeurs, saisissant leurs pelles, commencèrent à dégager le tombeau de la terre et des herbes qui le couvraient; puis, après avoir passé de longs bambous dans les boucles scellées aux angles de la large pierre qui en fermait l'entrée, huit solides Indiens la soulevèrent et, la faisant glisser, laissèrent béante l'ouverture du caveau, d'où s'échappa un air lourd et méphitique.

Au fond de ce trou maçonné, de six pieds de côté, était un long coffre de bois de tek, solidement joint avec des vis de cuivre. *Sur chacune des parois étaient ménagées de petites ouvertures de quelques centimètres pour que l'air pût passer.* On glissa les cordes sous les extrémités de la bière, on la hissa sur le sol et la partie intéressante de l'exhumation commença.

Dans cette foule de huit à dix mille individus appartenant à toutes les classes, à tous les rangs, à toutes les castes, s'était fait un silence de mort. Le cercle s'était resserré autour des cipayes qui formaient la haie; tous les regards se fixaient sur la bière.

Le couvercle sauta enfin sous un dernier effort des travailleurs et je pus voir, couché sur des nattes, un long corps maigre et à demi nu, dont la face cadavéreuse ne donnait plus aucun signe d'existence. Un brahmine s'approcha et souleva hors du coffre une tête décharnée, momifiée et dans un état incompréhensible de conservation après un aussi long séjour dans la terre. C'était la tête d'un cataleptique et non celle d'un mort. Elle avait gardé la position que lui avait donnée le prêtre, après avoir, à plusieurs reprises, passé la main sur les yeux qui étaient ouverts, fixes, dirigés en avant. On eût dit un visage de cire.

Deux hommes soulevèrent le corps et, le tirant du coffre, le posèrent sur une natte. Je n'avais jamais vu une semblable maigreur.

La peau sèche et ridée du fakir était collée sur ses os; on eût certainement pu faire sur lui un cours d'anatomie. A chacun des mouvements que les porteurs imprimaient à ses membres couverts de taches livides, scorbutiques, je les entendais craquer comme s'ils eussent été liés les uns aux autres par des charnières rouillées.

Lorsque le désenseveli fut assis, le brahmine lui ouvrit la bouche et lui introduisit entre les lèvres à peu près un demi-verre d'eau; puis il l'étendit de nouveau et se mit à le frictionner de la tête aux pieds, doucement d'abord, puis rapidement ensuite. Pendant près d'une heure, le corps ne fit aucun mouvement; mais, au moment où les Anglais incrédules commençaient à se moquer de l'Hindou, le fakir ferma les yeux, puis les rouvrit aussitôt en poussant un soupir.

Un hourrah s'éleva parmi les indigènes; le brahmine recommença ses frictions. Bientôt l'enterré remua un bras, une jambe et, presque sans secours, se souleva sur son séant en portant autour de lui un regard morne et vitreux. Il ouvrit la bouche, remua les lèvres, mais ne put prononcer un mot. On lui donna encore à boire, et dix minutes ne s'étaient pas écoulées que le Lazare indien, soutenu par le brahmine, s'éloigna à pas lents de son tombeau, au milieu de la multitude qui s'agenouillait sur son passage, tandis que les autorités avaient peine à cacher leur désappointement. Les officiers anglais faisaient la plus singulière figure et traitaient le fakir de jongleur, ne trouvant à cette bizarre résurrection aucune explication raisonnable.

Après le départ du fakir, des curieux s'étaient précipités dans le caveau, mais ils avaient eu beau en sonder toutes les parois, en démolir la maçonnerie, en creuser le sol, rien n'était venu donner aux incrédules la clef de l'énigme. Il avait été matériellement impossible à l'Hindou de sortir de son tombeau; aucune issue n'existait et les factionnaires n'avaient pas cessé, pendant les vingt jours qu'il avait été enfermé, de le garder nuit et jour. Je demandai quels avaient été ces factionnaires, on me répondit qu'on n'avait admis parmi eux aucun cipaye et qu'ils avaient été tous pris parmi les soldats anglais.

Comment alors le fakir n'était-il pas mort de cette longue privation d'air et d'aliments ? Les médecins de l'armée, ceux du moins qui étaient assez savants pour avoir le droit d'avouer qu'ils ignoraient quelque chose, discutaient sérieusement; les autres, et ils étaient en plus grand nombre, ne parlaient rien moins que de pendre haut et court le pauvre homme, pour voir si son adresse lui permettrait d'échapper à la potence comme elle lui avait permis de sortir de la tombe.

Heureusement qu'il avait disparu du côté de la ville noire, car on aurait pu terminer la cérémonie en le réintégrant dans son cercueil.

Voici encore, d'après le *Hindoo Spiritual Magazine*, le récit, fait par le docteur D'Ere Browne, d'une cérémonie analogue.

Au milieu d'une fête indienne, un Yoghi se plaça au milieu d'un carré consacré et tomba en transe.

Un groupe de Yoghis d'ordre supérieur s'avança alors, portant un long et profond vase en terre cuite, chauffé au moyen de cendres encore brûlantes. On le remplit de cire qui entra en fusion et dans laquelle chacun d'eux versa le contenu d'un petit paquet qu'il avait apporté.

Un groupe de cinquième ordre prépara alors le corps pour l'ensevelissement en l'enveloppant dans les plis d'une mousseline blanche, enroulée plusieurs fois et dont chaque extrémité fut solidement fermée au moyen d'une corde blanche.

Avant cela, le corps avait subi une préparation spéciale : les yeux, le nez et la bouche avaient été obturés avec une sorte de cire préparée spécialement. Ils prirent ensuite le corps et le plongèrent doucement dans la cire fondue. Il fut retiré, et lorsque cette première couche de cire se fut refroidie, ils le plongèrent de nouveau et répétèrent jusqu'à huit fois cette opération.

Pendant ce temps, un autre groupe de Yoghis creusait la fosse, et lorsque celle-ci eut de six à huit pieds de profondeur, la cérémonie de l'enterrement commença.

Les trois plus anciens déposèrent le corps dans une sorte de cercueil grossièrement fait, pendant que les autres, formant une procession autour de l'espace réservé, faisaient entendre des chants. Le cercueil fut descendu dans la fosse; on le recouvrit de terre et on éleva au-dessus une sorte de monticule.

Le huitième jour le cercueil fut exhumé : comme il avait été fermé au moyen de chevilles de bois, on l'ouvrit avec des coins. Le corps fut trouvé dans l'état où il avait été mis. On déroula l'enveloppe de mousseline, on enleva la cire placée sur les yeux, le nez, la bouche et les oreilles et les Yoghis firent en procession trois fois le tour de l'espace réservé. Au troisième tour, on vit le Yoghi se dresser seul lentement et prendre la position assise, regardant autour de lui comme un homme qui sort d'un profond sommeil.

Le ressuscité prit ensuite lentement le chemin de la montagne vers une caverne où il se proposait de passer le reste de sa vie dans la méditation. Cette cérémonie devait le rendre apte à servir d'intermédiaire entre les deux sphères, matérielle et spirituelle, à sa volonté.

Je terminerai ces relations par le récit dramatique d'une inhumation qui eut lieu à Sehore en 1873 et qui se termina par la mort affreuse du jeune fakir qui s'y soumit[1].

---

[1] Cette relation a été publiée sous le nom du major Osborne et j'ignore quels liens unissaient cet officier à M. Osborne, auteur du récit de l'inhumation d'Haridès qui eut lieu également à Sehore, mais en 1838.

J'étais alors à Sehore, une petite ville insignifiante, qui, après avoir été pendant plusieurs années un des principaux postes anglais dans le Malwa, a dû être abandonnée à cause de son climat extraordinairement malsain. Située dans un bas-fond parcouru par plusieurs cours d'eau qui donnent à la végétation une excessive vigueur, elle est désolée par des fièvres d'un caractère pernicieux.

La résidence de l'agent britannique se trouvait à une petite distance de la ville, au centre d'un magnifique parc dessiné à l'anglaise. Cette résidence était, comme toutes les habitations de ce genre, un véritable palais muni de tout le confort qui peut rendre la vie supportable dans un pays aussi insalubre. Je m'y serais pourtant formidablement ennuyé si mon amour pour les études de mœurs orientales ne m'avait fait trouver chaque jour de nouveaux objets d'intérêt.

Vers 1873, ce qui m'attirait le plus, c'était l'étude des magiciens, charmeurs de serpents, jongleurs, magnétiseurs et autres dont le pays fourmille. J'ai vu, de mes yeux vu, les phénomènes les plus surprenants. J'ai vu une graine germer et donner une pousse d'un mètre au moins de hauteur, en l'espace de deux heures, cela sans aucune tricherie possible. L'homme qui accomplissait le prestige se tenait à deux mètres de la plante croissante, bien surveillé par les spectateurs. J'ai vu, une autre fois, le fameux tour de l'enfant tué à coups de sabre et ressuscité en un clin d'œil. J'ai vu obéir et danser à la voix d'un homme des cobras dont les crocs n'avaient pas été arrachés. Mais le phénomène le plus étonnant auquel il m'ait été donné d'assister est celui de l'enterrement et du retour à la vie d'un fakir.

Il y avait alors à Sehore un jeune fakir des plus renommés, du nom de Oumra-Doula. Il possédait, assurait-on, une science de la yogha qui faisait de lui une véritable manière de saint. C'était un brahme sannyasi. Je ne l'ai jamais vu se livrer à des excentricités dangereuses comme en affectionnent tant de ses pareils. Songez, en effet, que certains fakirs portent des colliers de fer pesant jusqu'à 40 livres. D'autres restent assis sur une pierre dans des positions que les plus forts de nos contorsionnistes ne réaliseraient point : eux se tiennent ainsi, non pas quelques moments, mais des mois, des années durant.

Oumra-Doula accomplissait-il en secret des cérémonies pareilles, je l'ignore. Mais je présume que comme tout yoghi, il devait s'y conformer. La loi de la yogha conduit, vous le savez, à la félicité tout Hindou qui peut s'y conformer. Par elle, il dédaignera les biens terrestres, il exaltera ses forces intellectuelles, il méprisera les souffrances du corps. Enfin, il obtiendra la félicité suprême que Brahma réserve aux hommes pieux. Mais, pour atteindre ces résultats, le fidèle doit subir bien des ennuyeuses formalités. Chaque instant de sa journée est une lutte contre lui-même, une lutte parfois pénible. Sa nourriture, sa respiration, son sommeil, ses postures sont réglés par des lois imprescriptibles, jusqu'à ce que tout son corps soit dompté et que son attention s'absorbe tout entière dans la prononciation du monosyllabe sacré, qui lui révèle tant de mystères.

Oumra-Doula avait certainement pénétré bien des mystères, car il lui en était resté une allure mystérieuse et des manières étranges. Son regard avait des lueurs bien étonnantes, parfois, quand on le surprenait à vous regarder. Ce qui me sembla plus étonnant, c'est que, si détaché des choses terrestres qu'il parût l'être, le fakir avait gardé quelques relations de sentiment parmi l'humanité : il avait une sœur et un ennemi mortel.

La sœur, une devadashi, au nom barbare de Prahabaratti, ne quittait pas Oumra-Doula plus que ne l'aurait fait son ombre. Elle le suivait partout comme une servante, habituée aux mœurs étranges du maître, et respectueuse de sa sainteté.

L'ennemi du fakir, c'était un assez louche personnage, un kshâtrya, le guerrier Chagaliga, personnage à tête et à manières de brute. Il avait été jadis bâtonné pour quelques friponneries révélées par le témoignage de Oumra-Doula. Il en avait gardé au fakir une haine profonde, dont Oumra-Doula semblait fort peu se soucier. Chagaliga appartenait à la garde de la Begaum de Bhopal. Je ne sais pour quelles raisons il se trouvait alors à Schore.

Quand mon ami le brahme Chatterji m'apprit que Oumra-Doula se faisait enterrer vivant, je n'eus de cesse de voir se répéter l'expérience. J'y assistai deux fois. La première fois, à vrai dire, incomplètement; la seconde fois le résultat fut....., comment dirais-je ? assez peu concluant.

La première fois, je revenais d'une petite expédition dans le Nord, quand j'appris que l'on enterrait Oumra-Doula. Mon lieutenant, M. Willhougby, avait assisté à la mise au tombeau et il m'assurait qu'il n'y avait certainement aucun truc possible. En tous cas, la tombe était couverte de terre, on l'avait foulée aux pieds et l'on y avait semé de l'orge. De plus, une sentinelle veillait sans cesse sur le tombeau.

Au bout de dix mois, on décida d'ouvrir la fosse. On déblaya la terre. Au fond se trouvait la caisse carrée dans laquelle était le corps. J'étais présent et je ne pensais point, je vous jure, en voir sortir un homme vivant. On ouvrit les cadenas, on brisa les scellés et on retira le corps du fakir, enveloppé dans un sac de grosse toile. Nulle pulsation du cœur, point de respiration, le sommet de la tête était resté seul le siège d'une chaleur sensible qui pouvait faire soupçonner la présence de la vie. Un des brahmes présents introduisit la main dans la bouche de l'homme inanimé, replaça dans une position normale la langue qui avait été retournée, puis on le frictionna. On versa sur le corps de l'eau chaude; petit à petit, la respiration revint; le pouls se rétablit et le fakir se leva et se mit à marcher en souriant. Je dois dire qu'il me sembla considérablement amaigri.

Nous lui demandâmes quelles impressions il avait éprouvées. Il répondit par quelques expressions admiratives. Il avait fait un rêve

merveilleux. Seul le moment du réveil était pénible. Il se sentait
tomber avec une vitesse vertigineuse et des vertiges insupportables
l'étouffaient [1]. Parbleu ! il tombait du ciel.

Je dois dire que, pendant les dix mois de sommeil, la devadashi
était venue chaque jour devant la tombe. Elle y passait, accroupie,
une partie de ses journées. Sans qu'aucune inquiétude pût se lire sur
sa figure, elle attendait la résurrection de son frère. Elle semblait
parfaitement certaine du succès de l'aventure.

Chagaliga vint aussi, sous le prétexte d'examiner les soldats qui
surveillaient la tombe. Je pense qu'il était à la recherche de quelque
mauvais coup contre le fakir sans défense.

Une seconde fois, Oumra-Doula se fit enterrer. C'était au cours
d'une visite que la Begaum nous fit à Sehore..... Le lendemain, on
enterra Oumra-Doula. On avait construit une fosse étroite en maçonnerie soigneusement crépie. Le fakir se débarrassa alors de tous
ses vêtements. Il prit un peu de cire qu'il pétrit longuement dans ses
mains, s'en boucha les oreilles et les narines. Puis il ferma les yeux,
s'accroupit; un brahme introduisit la main dans sa bouche et lui retourna la langue en arrière, de manière à lui obstruer le gosier. Les
yoghis se font, en effet, couper ce que nous appelons le filet, pour
permettre à la langue de prendre cette position anti-naturelle.

Après cette opération, le fakir tomba immédiatement en léthargie.
On l'introduisit dans le sac de toile, puis on le plaça avec précaution
dans la fosse. On fit glisser sur elle la lourde dalle.

Je ne puis vous exprimer bien nettement l'impression que pro-
duisait sur moi cette opération. Je suis un vieux soldat et j'ai, sans
sourciller, assisté à des chasses, à des batailles, à des exécutions ;
j'ai vu, certain jour, durant la terrible révolte des cipayes, attacher
douze prisonniers à la gueule de douze canons, dont l'explosion envoya au loin leurs membres épars. Eh bien, je vous assure que rien
ne m'a causé une horreur aussi profonde que cet enterrement d'un
vivant.

Je comprends qu'on marche à la mort les yeux ouverts et le front
haut. Il est facile d'avoir du courage lorsqu'on se sent maître de sa
volonté. Mais cet héroïsme de l'Hindou était stupéfiant. De s'enfon-
cer tout vivant dans le tombeau, de descendre volontairement, loin
du soleil et des fleurs, dans l'humidité d'un caveau, cela me paraissait plus effroyablement anormal qu'on ne pourrait le dire.

Les brahmes qui assistaient à l'opération n'en semblaient, je dois
le reconnaître, aucunement émus. Le danger que courait leur confrère les laissait absolument impassibles. Peut-être aussi avaient-ils

---

[1] Les sujets dont le corps fluidique est dégagé par la magnétisation disent
qu'ils s'élèvent dans des régions magnifiques d'où on les arrache avec peine
quand on les démagnétise pour faire rentrer leur corps fluidique dans leur corps
matériel qu'ils appellent généralement leur *loque*.

en lui une confiance très grande, comme nous en avons dans nos
acrobates de nos pays d'Occident.

Quant aux Européens qui avaient été conviés avec moi à la chose,
ils semblaient, comme moi, péniblement impressionnés. Mon lieutenant, M. Willhougby, seul, paraissait peu ému. C'était la seconde fois
qu'il voyait cet extraordinaire enterrement. Et, de l'avoir déjà suivi
dans tous ses détails, il tirait une grande certitude pour le succès de
celui-ci.

Chagaliga présidait à l'opération. Je suivais ses mouvements avec
curiosité, quand je le vis, d'un geste rapide, saisir sous son manteau
une sorte de gourde qu'il jeta dans la fosse au moment où la dalle
allait la refermer. Le geste fut si bref que je ne pus, sur le moment,
l'analyser. Ce n'est que maintenant que je puis l'expliquer.

On jeta de la terre sur la fosse, on y sema de l'orge et six mois se
passèrent. La saison des pluies vint et se termina. Puis on décida
d'ouvrir au ressuscitant.

J'étais là. La terre fut enlevée. La dalle fut soulevée; au prix
d'efforts considérables elle roula, découvrant peu à peu l'ombre mystérieuse du caveau. A ce moment, le chef des brahmes poussa un
cri : de l'ouverture étroite venait de sortir un insecte minuscule : une
fourmi. Les travailleurs pressèrent ardemment leurs leviers. Les
mains impatientes cherchèrent le sac dans l'ombre. On l'ouvrit, il
contenait un squelette admirablement nettoyé[1]

En même temps des files de fourmis rouges rampaient hors de la
tombe.

Et je compris alors : Chagaliga, pour supprimer son ennemi sans
danger, avait jeté dans la tombe cette gourde pleine de fourmis, de
ces fourmis rouges terribles qui se multiplient prodigieusement et à
qui tout sert de nourriture.

Les Hindous redoutent prodigieusement ces petites bêtes dont ils
connaissent la férocité. Voraces et innombrables, leur petitesse les
rend plus dangereuses encore puisqu'on peut si difficilement les
saisir. Toute proie à laquelle elles s'attaquent est perdue, à moins
qu'elle ne puisse leur échapper par une fuite immédiate.

Oumra-Doula ne devait plus revenir du Nirvana qu'il avait gagné
volontairement.

Chagaliga disparut le jour même.

Quant à la devadashi, on la retrouva, le lendemain, son épingle de
cheveux piquée dans le cœur sur la tombe de Oumra-Doula.

---

[1] On arrive actuellement à préparer, pour les collections zoologiques, des
squelettes extrêmement délicats en enfouissant l'animal mort dans une four-
milière.

III

Inhumations volontaires de bonzes dans le Cambodge [1].

Les Cambodgiens relèvent de l'initiation boudhique ceylanaise ; le pape des bonzes, résidant à Pnom-Penh, relève directement de Ceylan, et dans la Cochinchine, le plus haut dignitaire réside à la pagode de Soctrang. Je le connaissais, ayant eu occasion de soigner plusieurs bonzes de sa pagode qu'il m'avait amenés lui-même et plusieurs enfants de son école, notamment lors d'une épidémie de variole. Or, dix-huit mois après mon départ de ce poste, deux inhumations volontaires eurent lieu dans une pagode distante de mon ancien domicile de 6 kilomètres environ ; des raisons de service m'empêchèrent, à mon grand regret, d'assister à aucune partie de la cérémonie, mais j'ai pu recueillir des détails, dont quelques-uns inédits et que n'ont pas vus les Anglais qui, dans les Indes, ont décrit ces cérémonies.

Les pratiques étant les mêmes que celles déjà connues, je n'insisterai que sur quelques détails et surtout certaines interprétations rituelles.

Par suite du manque d'eau et de quelques autres causes climatériques moins bien déterminées, vers la fin de 1895, la récolte du riz s'annonçait très mauvaise et faisait redouter la famine.

Dans cette prévision, deux bonzes s'entraînaient plus activement depuis quelques mois (si l'on peut en ce cas parler d'activité) à la catalepsie. Dans les pagodes, il y a continuellement quelques prêtres à un certain degré de pareil entraînement. Ici nous ferons remarquer que, dans le Cambodge, tous les prêtres sont désignés sous le nom de bonzes, quelles que soient leurs fonctions, au lieu d'être, comme dans l'Inde, par-

---

[1] Extrait d'un article publié dans *L'Initiation* (numéro d'octobre 1897) par le docteur Laurent, médecin de la marine, qui a fait pour son service un long séjour en Indo-Chine, presque toujours loin des centres.

tagés en fakirs, gourous, brahmes, etc. Ceux dont nous parlons actuellement correspondent évidemment aux fakirs.

Lorsque les deux bonzes dont je parle furent au degré suffisant de préparation, la cérémonie eut lieu; les préparatifs sont semblables à ceux qu'ont décrits les Anglais d'après le Bhagavad-rita; les sujets convulsent les yeux, renversent la langue en prononçant le mot sacré: *Aum*.

Le jour venu, on prépara une fosse de 3 mètres environ de profondeur sur 1 m. 50 à 1 m. 80 de largeur et 1 mètre dans l'autre sens; la terre fut soigneusement battue à l'intérieur. Les bonzes furent empaquetés, entourés de bandelettes autour de leur vêtement jaune; tous les orifices naturels, nez, paupières, oreilles, etc., lutés avec de la cire vierge, après que, la langue renversée dans la gorge, ils se furent mis en état de catalepsie volontaire; une poutre fut mise en travers de la fosse et les bonzes suspendus au moyen d'une corde assez grosse, cirée, ayant prise sur les bandelettes de manière à ne pouvoir entrer dans les chairs et d'une longueur de 1 mètre environ au-dessous de la poutre. Toutes ces précautions, et particulièrement l'isolement des corps dans les fosses, prises, me dit-on, dans le but de les empêcher d'être attaqués par les rats, seul danger physique qu'ils puissent courir.

La fosse fut ensuite recouverte de fascines, puis de terre battue de façon à la rendre à peu près imperméable, puis enfin de terre végétale sur environ 20 centimètres d'épaisseur. Du riz y fut semé sous forme de mâ (le riz est d'abord, dans la culture ordinaire, semé serré en un petit carré de terre nommé mâ; lorsqu'il a atteint une trentaine de centimètres, on le déterre, puis on le repique en rangées régulières, chaque plant à environ 20 centimètres de l'autre). Le semis fut convenablement arrosé et le semis germa.

L'inhumation des deux bonzes dura vingt-six jours, puis on les rappela à la vie suivant le procédé décrit par les médecins anglais: traction de la langue, bains d'eau tiède, frictions d'alcool, etc.

Mais ce que je tiens surtout à faire remarquer, c'est que dans ce détail du semis du riz où les Anglais ont vu un simple moyen de contrôle, laissant presque croire qu'il fut fait à

leur demande, il faut se représenter une opération magique
et religieuse au premier chef, en laquelle résident tout le symbolisme et la raison d'être de l'opération. Chacun connaît
l'expérience, fort discutée comme réalité, dans laquelle les
fakirs indous prétendent, par extériorisation de leur force vitale, faire germer, grandir, porter des fruits à un noyau de
mangue, le tout en quelques heures. N'ayant pas vu person-
nellement le fait, nous ne pouvons en affirmer la véracité,
mais ici la théorie, ou du moins la prétention, est la même.
Les bonzes, par action de leur volonté décuplée par leur entraînement, prétendent faire passer leur vitalité entière dans
le riz semé sur leur tombe et, indirectement, dans toutes les
cultures semblables de la région. Ils croient ainsi apporter à
la vitalité végétale, c'est-à-dire de la nature inférieure de la
plante, l'appoint de leur vitalité plus qu'humaine qui vient
agir d'une façon favorable sur la récolte de l'année.

Ces cérémonies sont extrêmement rares et seuls les vieil-
lards se rappelaient en avoir vu de semblables à Soetrang. Or
les Anglais, en les décrivant, se sont contentés de dire: « Une
cérémonie devant avoir lieu... nous pûmes assister... On employa tels moyens de contrôle. » Dans le précédent récit, je
crois avoir, à leur description, ajouté deux points capitaux,
d'abord le pourquoi de la cérémonie et ensuite, après quelques
détails de pratique, le symbolisme et la raison d'être du semis
du riz qui, loin d'être un moyen de contrôle pour la garantie
des Européens, se trouve être la partie la plus importante du
rituel magique de l'opération.

Cette pratique me semble, en Cochinchine, être exclusivement cambodgienne, relevant, ainsi que je l'ai dit au début,
des rites de l'initiation ceylanaise; autant que j'ai pu m'en
informer, ni les Chinois, ni les Annamites, quoique bou-
dhistes, ne la possèdent dans leur religion.

IV

Les fakirs en Europe.

En 1896, deux fakirs vinrent en Europe pour nous rendre témoins de leur faculté de suspendre volontairement leur vie. L'un d'eux nommé Rheema-Sena-Pratapa, simple étudiant de la Faculté de Lahore, se faisait surveiller par l'autre.

Leur première expérience fut faite à Presbourg. Rheema resta huit jours endormi dans une cage de verre sous la surveillance de médecins. Un peu avant le moment fixé pour le réveil, un de ces médecins enfonça une grosse aiguille d'acier dans les chairs du dormeur qui ne manifesta aucun signe de douleur. Après cet essai, le second fakir s'approcha et entonna une douce chanson qui, commencée à voix basse se termina à pleine voix. A ce chant, le dormeur donna immédiatement signe de vie. Au moment du réveil, la langue était comme attachée au palais; le cœur battait fortement et irrégulièrement; ses membres étaient engourdis au point qu'il pouvait à peine les mouvoir. Au bout de quelque temps ses forces revinrent; il demanda du lait et ne tarda pas à retrouver complètement la faculté de parler. Il raconta alors aux assistants que pendant sa léthargie il avait constamment pensé à Dieu, qu'il se sentait très bien et avait de temps en temps entendu une musique très douce.

De Presbourg les deux fakirs se rendirent à l'exposition de Buda-Pest, où ils refirent l'expérience de la léthargie, à l'issue de laquelle Rheema communiqua à un reporter ses impressions qui furent publiées dans le *Berliner Lokal-Anzeiger* [1].

Il y raconte que, dans le sommeil qu'il a dormi huit jours et qui porte en sanscrit le nom de Ioga, l'homme s'absorbant complètement dans la pensée du Tout-Puissant, les forces et facultés humaines n'existent plus. Ce sommeil

---

[1] *Le Tour du Monde*, dans son numéro de juin 1896, a publié une vue du fakir dans son cercueil de verre, d'après une photographie prise à Budapest.

est paisible, reposant, profond et méditatif, et lorsqu'on y est soumis, les souffrances, aussi bien de l'esprit que du corps, qui résultent de la transgression des lois naturelles et de la suppression de l'être intime de l'homme, cessent immédiatement. Nous pouvons, dit-il, voir un phénomène semblable chez les bêtes sauvages. Quand, par suite de causes extérieures, elles souffrent de maladies, elles ne songent pas à avoir recours à l'art médical, comme le font les hommes, mais elles se tiennent tranquilles et attendent que la nature ait rétabli leur santé. Le sommeil Ioga prolonge la vie de ceux qui le pratiquent, car ce sont les travaux pénibles et continus qui viennent à bout rapidement des forces humaines, les épuisent et amènent la mort beaucoup plus vite que la nature le veut. D'après les livres saints de l'Inde, l'homme, qui se conforme aux lois de la nature et aux préceptes hygiéniques, peut arriver à l'âge de 100 ans; les Yoghis peuvent même vivre davantage. Aussi longtemps que l'homme dort du sommeil Ioga, toutes ses pensées sont concentrées vers le Tout-Puissant, il ressent la félicité, le bonheur et une joie sans mélange; ce sommeil purifie et élève les âmes. Cette science et sa pratique ne constituent pas l'apanage exceptionnel d'un peuple ou d'un individu, car les anciens peuples spirituels de l'Est-indien avaient déjà fait preuve de progrès étonnants dans cette voie. Chacun peut se disposer théoriquement et pratiquement au sommeil Ioga, s'il est d'une nature paisible et méditative, qui le rende pour ainsi dire semblable à un enfant.

La nourriture du Yoghi consiste en lait pur, fruits et légumes de toute sorte. Il ne doit jamais manger, pas même une seule fois, de nourriture plus fortifiante, telle que viande ou œufs. Ceux qui pratiquent couramment le sommeil Ioga s'appellent *Rishi* (prophète, diseur de vérité). « Mon maître, dit le fakir, *Svani Dya Naud Sarasvati,* le plus grand réformateur de l'Inde, a pratiqué, avec une grande durée, cette science sainte depuis sa jeunesse jusqu'à sa mort. Comme tout réformateur, par exemple Martin Luther et autres, il a été discuté par ses adversaires; très souvent, on lui a contesté la prévision de l'avenir, mais il la possédait grâce à la pratique Ioga, sans avoir recours à aucune aide scientifique ou mécanique. Depuis longtemps, il avait prédit qu'il ne verrait pas l'année 1884, et il est mort en effet en octobre 1883... »

En ce qui concerne son propre sommeil, le fakir dit d'abord qu'il n'est encore qu'un modeste écolier dans cette science sainte. Il raconte les préliminaires déjà connus du sommeil qu'il a expérimenté à Presbourg et continue ainsi : « Avant de tomber dans le sommeil, je priais beaucoup. Vers 2 heures de l'après-midi, je commençai à dormir, et dès lors jusqu'à mon réveil je n'ai rien su de ce monde. Je puis dire cependant que, pendant toute la durée de mon sommeil, j'ai joui d'une arrière-pensée heureuse et réparatrice. En ce qui concerne mon réveil, je sais seulement qu'à un moment des bourdonnements se firent entendre à mes oreilles et que je repris lentement et progressivement l'usage de mes sens. Lorsque je fus réveillé, je ressentis aussitôt une grande faim et nervosité; je demandai du lait. Après avoir bu, je me reposai un peu. Lorsque j'eus repris complètement mes sens, je fus étonné de voir le public nombreux qui m'entourait. Dans la nuit qui suivit mon réveil, j'étais un peu fatigué et affamé; maintenant je me félicite d'être en parfaite santé et je crois que l'état de mon âme et l'état de mon corps sont meilleurs qu'auparavant. C'est ainsi que s'est terminé heureusement et à ma satisfaction mon sommeil de huit jours. »

En 1902, la revue allemande *Die Uebersinnliche Welt* a publié (numéro d'août) le cas d'imitation de léthargie des fakirs par un Américain du Sud âgé de 35 ans, qui se faisait appeler Papus.

Il se fait envelopper de 400 mètres de bandes de flanelles, puis coucher dans une caisse en verre longue de 2 mètres, haute et large d'environ 60 centimètres. Cette caisse est hermétiquement fermée et soudée, puis descendue dans un récipient en métal qui contient environ 8 mètres cubes d'eau. Papus reste ainsi huit jours et huit nuits gardant, dans une parfaite immobilité, la position horizontale, ne mangeant ni ne buvant et communiquant avec le monde extérieur au moyen d'un tuyau par lequel *lui arrive aussi de l'air qu'une machine électrique lui fournit sans arrêt*.

Il s'endort lui-même au commencement de l'expérience et

son sommeil dure de deux à vingt-quatre heures. Il se persuade alors à lui-même que la faim et la soif sont des sensations qu'il ignore et cette auto-suggestion suffit pour lui permettre de supporter sa longue captivité. On peut causer avec lui après son réveil au moyen du tuyau dont il a été question plus haut. On a constaté qu'après l'expérience, il n'y avait pas eu chez lui diminution sensible de poids.

⁂

Plusieurs savants, parmi lesquels je citerai Preyer, Sierke et Jules Soury, ont étudié, en Europe, le phénomène de la suspension de la vie, surtout d'après le livre publié à Bénarès par le docteur N.-C. Paul [1], et ils ont donné, sur le mode d'entraînement des fakirs pour la périlleuse opération de l'inhumation temporaire, les détails suivants :

En dehors du régime presque exclusivement végétal et de la continence auxquels ils sont soumis toute la vie, ils s'habituent progressivement à l'abstinence d'air en s'introduisant dans les narines des ficelles de forme conique qui ressortent par la bouche et qu'ils tirent peu à peu. Nombre d'entre eux habitent des cellules souterraines dans lesquelles l'air et le jour ne pénètrent que par une étroite fente, quelquefois remplie de terre glaise. Là, plongés dans un repos et un silence profonds, absorbés mentalement dans la méditation d'Aum [2], dont le religieux doit répéter le nom mystique douze mille fois par jour en comptant les grains de son chapelet, les

---

[1] Le traité du docteur Nobin-Chander Paul, assistant chirurgien militaire aux Indes, a été publié en France par le *Lotus bleu* (n⁰ˢ 13 et suivants). J'en ai reproduit une partie dans mon traité sur les *États profonds de l'hypnose* (p. 35 de l'édition de 1892).

[2] Le mot *Aum* sert à désigner l'Être suprême. Le docteur anglais Radcliff suppose que la prononciation répétée des mots courts jouit de la propriété de provoquer le sommeil en diminuant l'exhalation de l'acide carbonique, et il affirme avoir endormi un jeune garçon en lui faisant répéter environ 450 fois le mot *cup* (tasse). C'est du reste, sans doute, à cette propriété qu'est dû l'emploi de la récitation des litanies dont la monotonie détermine un ralentissement de la circulation sanguine dans le cerveau et, chez certains sujets sensibles, l'état de crédulité pendant lequel s'implantent les suggestions religieuses.

Yoghis s'exercent à ralentir tous leurs mouvements pour abaisser la fréquence de la respiration. Ils demeurent de longues heures assis sur le talon gauche, ou le pied gauche posé sur la cuisse droite, le pied droit sur la cuisse gauche, l'orteil droit dans la main droite, l'orteil gauche dans la main gauche. Parfois c'est le menton sur la poitrine, le front sur les genoux, qu'ils tiennent leurs orteils. Le talon droit est souvent porté à l'épigastre.

L'air qu'ils expirent, les ascètes doivent le respirer de nouveau et tâcher de le garder le plus longtemps possible [1]. Il y a d'ailleurs à cet égard cinq degrés de perfection à parcourir avant d'atteindre à l'état de parfait Yoghi; ils sont relatifs au temps qui doit s'écouler entre une inspiration et une expiration, chaque inspiration durant 12 secondes et chaque expiration 24 secondes. Voici ces cinq intervalles de temps: 324, 648, 1296, 2592, 5184 secondes. Trois mois durant, quatre fois par jour, pendant 48 minutes, il est prescrit d'inspirer et d'expirer de l'air uniquement par une des deux narines. Grâce à de nombreuses incisions du filet de la langue, cet organe s'allonge assez pour pouvoir se replier en arrière et fermer la glotte [2].

Pour hâter ce résultat, la langue est enduite d'huile astringente et soumise à des massages répétés. De plus, ils ont une façon fort originale de se nettoyer l'estomac qui consiste à avaler à plusieurs reprises une longue et mince bande de toile et à la retirer par la bouche.

---

[1] La respiration réitérée du même air se dénomme en sanscrit *pranaya yoga*. Elle a pour but d'augmenter la quantité d'acide carbonique dans l'air expiré. Deux auteurs anglais, Allend et Pepys, prétendent que l'air qui a passé 9 ou 10 fois dans les poumons contient 9,15 pour cent d'acide carbonique. La diminution relative d'oxygène absorbé par les poumons diminue l'activité vitale.

[2] Un de leurs livres sacrés dit, en parlant d'un saint : « Au quatrième mois, il ne se nourrit plus que d'air et seulement tous les douze jours et, maître de sa respiration, il embrasse Dieu dans sa pensée. Au cinquième mois, il se tient immobile comme un poteau ; il ne voit plus rien autre chose que Baghavat et Dieu lui touche la joue pour le faire sortir de son extase. »

CHAPITRE IV

Tout le monde sait que la vie subsiste à l'état latent dans les graines des végétaux et peut s'y conserver, pour ainsi dire, indéfiniment.

Des haricots, enfermés depuis l'année 1700 dans l'herbier de Tournefort, ont été semés en 1840 et ont produit plantes et graines.

Ridolfi a déposé, en 1853, dans le Musée égyptien de Florence, une gerbe de blé qu'il avait obtenue avec des graines trouvées dans un cercueil de momie remontant à environ 3.000 ans.

Cette aptitude à la reviviscence se retrouve à un haut degré dans les animalcules d'ordre inférieur. L'air que nous respirons est chargé de poussières impalpables qui attendent, pendant des siècles peut-être, des conditions de chaleur et d'humidité propres à leur donner une vie éphémère qu'elles acquièrent et reperdent tour à tour.

En 1707, Spallanzani put, onze fois de suite, suspendre la vie de rotifères soumis à la dessiccation et, onze fois de suite, la rappeler en humectant d'eau cette poussière organique. Il y a quelques années, Doyère fit renaître des tardigrades desséchés à la température de 150 degrés et tenus quatre semaines dans le vide.

Si l'on remonte l'échelle des êtres, on trouve des faits analogues produits par des causes diverses. Des mouches arrivées dans des tonneaux de madère ont ressuscité en Europe; des chrysalides ont été maintenues en cet état pendant des années (*Réaumur*). Des hannetons, noyés, puis desséchés au soleil, ont été ranimés après vingt-quatre heures, deux jours et même cinq jours de submersion (*Balbiani*).

Des grenouilles, des salamandres, des araignées, empoisonnées par le curare ou la nicotine, sont revenues à la vie après plusieurs jours de mort apparente (*Van Hassell* et *Vulpian*).

M. Warburg cite, dans *Entomologist,* un cas remarquable de persistance de la vie chez les insectes. « Au cours d'excursions dans le Midi de la France, écrit-il, je découvris un jour, à ma grande joie, un beau spécimen de *Saturnia pyri,* femelle, caché dans les buissons. C'était le premier que je trouvais et je décidai, en raison de sa grosseur, de l'empailler (opération nullement nécessaire, d'ailleurs, car j'en ai conservé depuis des douzaines sans les empailler). L'insecte fut tué en l'introduisant dans un flacon à cyanure où il resta une heure durant, puis l'abdomen fut vidé et bourré de coton imprégné d'une solution de bichlorure de mercure, et l'insecte fut piqué dans la collection. Le lendemain, on pouvait le voir essayant de s'envoler. »

En 1885, M. Thibault, tanneur à Meung-sur-Loire, me communiqua l'observation suivante au sujet d'un nasicorne qu'il avait trouvé dans une fosse de tannerie pleine de jus assez concentré.

« Cet animal, très fréquent dans nos établissements, paraissait parfaitement mort et les membres étaient d'une rigidité extrême. J'attribuai d'abord le fait au tannin et, par curiosité, je posai l'insecte au soleil. Il se tenait sur les pattes comme pendant la vie. Le soir, il semblait tout aussi mort, mais les membres étaient devenus mous et le nasicorne gisait sur le flanc. Le lendemain il était revenu à la vie. Assez stupéfait de l'aventure, je le remis dans la fosse pendant plusieurs jours : même durcissement et même retour à la vie. S'il m'en souvient bien, je fis quatre ou cinq fois l'opération, mais je ne puis rien préciser sur la durée, parce que le fait remonte à plusieurs années.

« J'ai trouvé aussi quelquefois des hydrophiles vivant très bien dans ces jus chargés de tannin et de divers acides. »

En juin 1877, le docteur Tholosan envoyait de Perse à son ami le professeur Laboulbène, qui les lui avait demandés, un lot d'acariens connus sous le nom d'*argas persicus.* Une lettre accompagnait l'envoi; mais le tout fut égaré pendant quatre ans et c'est seulement le 27 juillet 1881 que la lettre et la boîte furent ouvertes dans une séance de la Société entomologique de France. On s'attendait à trouver les argas morts; mais il n'en était rien, et après ce *jeûne de quatre années,* la plupart se mirent immédiatement à marcher; à l'un d'eux même, M. Mégnin offrit, quelque temps après, sur le dos de sa main gauche, un repas qui fut accepté.

Le froid produit, dans cet ordre d'idées, des effets extraordinaires. Spallanzani a conservé pendant deux ans plusieurs grenouilles au milieu d'un tas de neige; elles étaient devenues sèches, raides, presque friables et n'avaient aucune apparence extérieure de mouvement et de sensibilité; il a suffi de les exposer à une chaleur graduelle et modérée pour faire cesser l'état de léthargie dans lequel elles étaient plongées.

Des brochets et des salamandres ont été, à diverses époques, ranimés sous les yeux de Maupertuis et de Constant Duméril, tous deux membres de l'Académie des sciences, après avoir été congelés au point de présenter une rigidité complète.

Auguste Duméril, fils de Constant et celui-là même qui fut le rapporteur de la Commission académique relative au crapaud de Blois, dont il sera question plus loin, publia en 1852, dans les *Archives des sciences naturelles,* un très curieux mémoire dans lequel il raconte comment il a interrompu la vie par la congélation des liquides et des solides de l'organisme : des grenouilles, dont la température intérieure avait été abaissée jusqu'à — 2° dans une atmosphère à — 12° sont revenues devant lui à la vie; il a vu les tissus reprendre leur souplesse ordinaire et le cœur passer de l'immobilité absolue à son mouvement normal.

M. Raoul Pictet a soumis des grenouilles à la température de — 28°, un serpent à — 25° et des infusoires à — 60° sans que la vie cessât de se manifester. Bien plus, des escargots ont supporté pendant vingt jours une température de — 130° et ont continué à vivre. Dans une conférence à l'Institut international des sciences psychiques, M. d'Arsonval a même émis l'opinion que des germes vivants pouvaient supporter le froid absolu qui règne dans l'espace interplanétaire et que, par suite, la vie pouvait avoir été importée sur notre terre par des débris provenant d'autres mondes.

D'après les récentes expériences de M. Pictet, les poissons rouges, les tanches et, en général, les poissons qui vivent dans les étangs d'eau douce peuvent être gelés, puis dégelés sans mourir. Pour cela, il faut les laisser vingt-quatre heures environ dans une eau à 0°; on les congèle alors lentement dans une atmosphère de — 8° à — 15°. Dans ces conditions, ils ne forment plus qu'un bloc avec la glace. Qu'on casse le bloc et qu'on mette à nu un des poissons, on pourra le briser en petits morceaux, tout comme on brise un fragment de glace. Et cependant en laissant fondre la glace tout doucement, les autres poissons qui ont été congelés, eux aussi, se remettent à nager sans donner aucun signe de malaise. Au-dessous de — 20°, l'expérience ne réussit plus avec les tanches et les poissons rouges [1].

Il n'y a donc pas lieu de révoquer en doute les assertions des voyageurs racontant que les habitants du Nord de l'Amérique et de la Russie transportent des poissons entièrement congelés et raides comme du bois et les rendent à la vie en les trempant, dix ou quinze jours après, dans de l'eau à la température ordinaire; mais je pense qu'il ne faudrait point trop compter sur le procédé imaginé par le grand physiologiste anglais Hunter pour prolonger indéfiniment la vie d'un homme par des congélations successives; il n'a encore été donné qu'à Edmond About, dans son roman de *L'homme à l'oreille cassée,* d'indiquer comment cela pouvait se faire.

Francisque Sarcey a raconté, dans un journal, la genèse de cette amusante fiction.

Vous savez que dans cet ouvrage il s'agit d'un cuirassier de la garde impériale dont on refroidit le corps par des moyens scientifiques, sans éteindre en lui la source de la vie, et qui, cinquante ans après, dégelé par les soins d'un physiologiste, renaît à la vie et crie pour première parole :

---

[1] Des expériences du même genre ont prouvé que les œufs de certains animaux pouvaient aussi supporter des températures très basses.

Des œufs d'oiseaux ont continué à se développer après avoir supporté un froid de — 1°, des œufs de grenouilles après — 60° et des œufs de vers à soie après — 40°.

— Garçon, l'Annuaire !

L'idée de ce récit avait été donnée à notre ami About par Claude Bernard. Le docteur Tripier nous avait un jour invités, About et moi, à déjeuner chez lui avec l'illustre savant. Claude Bernard nous conta l'histoire des rotifères, ces animalcules qui peuvent rester dix ans, vingt ans, endormis, vivant d'une vie sourde, en état de mort apparente. On les humecte d'une goutte d'eau et ils s'éveillent aussitôt de ce long sommeil; ils s'agitent et reprennent la vie juste à l'endroit où elle avait été interrompue.

About demanda si la vie pourrait être ainsi suspendue chez des animaux supérieurs[1]. Claude Bernard dit qu'en ce moment il essayait de congeler des grenouilles, sans altérer leurs tissus, et qu'il ne savait s'il y réussirait.

— Et des hommes ? interrogea encore About.

— Oh ! dame ! pour les hommes, leur vie est si compliquée que rien ne serait plus difficile que de suspendre l'action de tant d'organes sans en briser un essentiel.

— Est-ce impossible ?

— Pratiquement, oui; théoriquement, non.

About rapporta de ce déjeuner l'idée de l'*Homme à l'oreille cassée*. Il en parla à Robin[2] et lui demanda de lui indiquer avec précision les procédés scientifiques à l'aide desquels on pourrait suspendre, par un refroidissement graduel, la vie chez le bipède sans plumes que l'on appelle un homme. Robin lui donna une leçon; il n'en fallait pas davantage à About, qui traduisit dans sa langue claire, nette et spirituelle le jargon effroyablement scientifique de Robin.

En réalité, l'homme est, parmi les animaux supérieurs, celui dont l'organisme s'accommode le mieux aux températures extrêmes[3].

En Sibérie, d'après Gmelin, on a observé jusqu'à — 53°,5 à Tomsk en 1735, à Kirenga — 66°,75 en 1738, et jusqu'à

---

[1] On a trouvé des moutons ensevelis sous la neige depuis 37 jours et encore vivants.

[2] Désigné dans le roman sous l'anagramme transparent de *Karl Nibor*.

[3] On ne trouve pas, parmi les animaux, d'aussi grandes résistances à la chaleur qu'au froid. Certains organismes résistent bien à des températures de 100°, mais il n'en est pas qui puissent supporter une température plus élevée.

Claude Bernard ayant effectué un certain nombre d'expériences à ce sujet, a vu des pigeons vivre pendant six minutes à la température de 90° ; des cobayes pendant cinq minutes à 100° ; des lapins pendant dix minutes à 100° et enfin des chiens pendant dix-huit minutes à la même chaleur. A une température plus intense, la mort survient par paralysie des nerfs de la respiration et des nerfs du cœur.

— 70° à Jeniseik en 1735. Back, le 17 janvier 1834, au Fort Reliance, a vu le thermomètre de Fahrenheit descendre à 70° au-dessous de zéro (— 56°,7 centigrades). Les Esquimaux, dans leurs huttes de neige, souffrent à peine du froid. En 1832, les compagnons de Ross ont vécu et dormi dans ces huttes par une température de — 26°,6 à l'intérieur et de — 34° au dehors; on s'y trouvait commodément, au rapport de Ross. L'expédition autrichienne, qui s'est avancée jusqu'à 83° de latitude nord et qui est restée pendant deux ans emprisonnée dans une banquise, a eu à subir des températures de — 50° centigrades; le mercure restait gelé pendant des semaines entières. Dans l'expédition anglaise au Pôle nord de 1875, les traîneaux se sont avancés jusqu'au 83°,20; on a eu à supporter des périodes de froid terribles: pendant quinze jours, le thermomètre ne s'éleva pas au-dessus de — 33° centigrades, et le minimum fut de — 60° centigrades. Ross, Parry, Franklin ont supporté, avec leurs équipages de chiens [1], des températures de — 48° et de — 56° centigrades. Peary a constaté — 59° au pôle Nord.

⁂

J'avais souvent entendu raconter par des paysans du Dauphiné des histoires de crapauds trouvés vivants dans des pierres, notamment dans les carrières de tuf de La Buisse (Isère), mais la chose me paraissait si étrange que j'attendais, pour me former une opinion, d'avoir vu par moi-même, ou du moins par les yeux de témoins dignes de foi [2]. Un document authentique qui existe au Musée de Blois m'a conduit à faire quelques recherches sur ce sujet et j'ai pu constater que des faits analogues avaient été constatés, d'une façon positive, une trentaine de fois.

Voici les principaux par ordre de date:

D'après Georges Agricola (*De animalibus subterraneis*,

---

[1] M. Pictet a vu un chien vivre pendant près de deux heures à la température de — 92°.

[2] Le *Dictionnaire d'histoire naturelle* de d'Orbigny nie (tome IV, p. 320) la possibilité de ce phénomène et j'ai entendu soutenir encore récemment la même opinion par les géologues les plus distingués.

1546), on a trouvé, à Imberg et à Mansfeld, des grenouilles dans des pierres si solides qu'on n'y apercevait aucune ouverture apparente quand on les fendait avec des coins.

Fulgose (*De mirabilibus*, 1565) parle d'un crapaud trouvé à Autun dans des conditions semblables et d'un ver, aussi vivant, qui fut retiré du milieu d'un caillou.

On trouve dans le livre publié en 1634, à Londres, par Th. Moufet, sous le titre : *Insectorum sive minimorum animalium Theatrum,* l'indication suivante : « Retulit mihi Fœlix Platerus, dignissimus Medicorum Basiliensum Antistes, se in centro magni lapidis serra divisi, vivum bufonem a natura inditum reperisse » (p. 248).

Alexandre Tassoni, qui vivait au commencement du XVIIᵉ siècle, rapporte que, de son temps, les ouvriers qui travaillaient aux carrières de Tivoli, près de Rome, trouvèrent dans un grand vide qui existait au milieu d'une roche une écrevisse vivante du poids de 4 livres.

En 1862, un crapaud vivant fut trouvé par les mineurs de Tilery, près Newport (Angleterre), dans un bloc *de houille* de 25 centimètres d'épaisseur sur 2 mètres de longueur. Ce bloc était enfoui à 200 mètres de profondeur et il fut précieusement conservé par les ingénieurs de la mine pour être exhibé dans une exposition de produits houillers.

Un journal américain a publié, il y a quelques années, la note suivante :

« Des lézards vivants ont été trouvés dans le tuf des carrières de pierre à chaux de Lux et Talbott, au Nord de Anderson (Indiana). Des ouvriers en train de piocher à même la roche découvrirent une série de « poches ». Dans chacune de ces poches on trouva un lézard vivant; aussitôt retirés et exposés à l'air, ils moururent au bout de quelques minutes. Ils étaient d'une couleur cuivrée très particulière ; quoiqu'ils eussent la place des yeux, ils n'avaient pas de globe dans l'orbite. Les zoologistes déclarent, et cela semble évident, que ces lézards vivaient il y a des milliers et des milliers d'années et qu'ils ont été ainsi murés, enterrés vivants au moment de la formation de la roche. Il n'y avait aucun passage possible pour l'air dans leur étrange cellule, et naturellement aucune espèce de nourriture n'y pouvait parvenir. »

On lit dans les *OEuvres* d'Ambroise Paré (édition in-folio, p. 664) : « Estant en une mienne vigne près du village de Meudon, où je faisais rompre de bien grandes et grosses pierres solides, on trouva, au milieu de l'une d'elles, un gros crapaud vif, et n'y avait aucune apparence d'ouverture, et m'emerveillay comme cet animal avait pu naître, croistre et avoir vie. Alors le carrier me dit qu'il ne s'en fallait m'émerveiller parce que, plusieurs fois, il avait trouvé de tels animaux au profond des pierres, sans apparence d'aucune ouverture. »

Aldovrandi (*De testaceis,* fol. 81, 1642) cite un crapaud vivant trouvé à Anvers par un ouvrier qui sciait une grosse pierre.

Richardson écrivait, en 1698, dans son *Iconographie des fossiles d'Angleterre:* « Lorsque je vous ai écrit, il y a huit ans, au sujet d'un crapaud trouvé au milieu d'une pierre, moi-même j'étais présent lorsqu'on cassa cette pierre et je fus aussitôt averti par les carriers. J'ai vu cet animal et l'endroit où il était placé. Cet endroit était au milieu de la pierre et celle-ci n'était percée d'aucun trou qu'on pût voir à la vue simple. Je me souviens très bien que l'endroit où était placé l'animal était plus dur que le reste de la pierre. »

Bradley rapporte (*Acta eruditorum,* année 1721, p. 370) qu'il a été témoin oculaire de la découverte d'un crapaud dans le cœur d'un gros chêne et qu'on a présenté de son temps à la Société royale de Londres un crapaud trouvé dans une pierre.

On voit dans l'*Histoire de l'Académie des sciences* (de 1717 à 1731) et dans *A philosophical acount* de Bradley (1721) quatre autres exemples de crapauds découverts dans de gros troncs d'arbres sans qu'on pût se rendre compte comment ils s'y étaient introduits.

En 1760 on trouva dans un mur du Raincy un crapaud que l'on supposa, d'après la date de la construction, avoir été enfermé dans le plâtre une quarantaine d'années auparavant.

J'arrive enfin au fait le plus récent au sujet duquel j'ai interrogé plusieurs témoins oculaires.

Le 23 juin 1851, trois ouvriers travaillaient à approfondir un puits près de la gare de Blois, sur le plateau de la Beauce.

Ce puits, *creusé depuis deux ans*, traversait successivement un banc de marne de 9 m. 73, un banc de calcaire épais de 6 m. 66 et un banc de tuf de 0 m. 85. On s'était arrêté à 19 mètres au-dessous du sol, à la partie supérieure d'une couche humide composée d'argile grasse et de silex roulés. C'est en reprenant le travail dans cette couche et à environ 1 mètre au-dessous de sa face supérieure qu'ils trouvèrent un

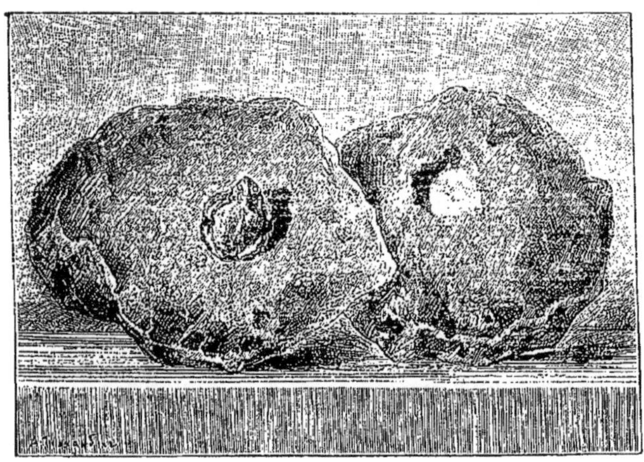

Silex fendu en deux, dans l'intérieur duquel on a trouvé un crapaud vivant.
(D'après une aquarelle du Musée de Blois.)

silex assez gros qu'on fut obligé de frapper à l'orifice du puits pour le dégager du baquet qui l'avait monté. Le silex frappé se fendit en deux portions presque égales : entre les deux fragments d'une pâte homogène et sans vides se trouvait une sorte de géode incrustée d'une légère couche de matière calcaire. Dans cette cavité était un gros crapaud qui chercha à fuir, mais les ouvriers le saisirent et le replacèrent dans son logement. Il

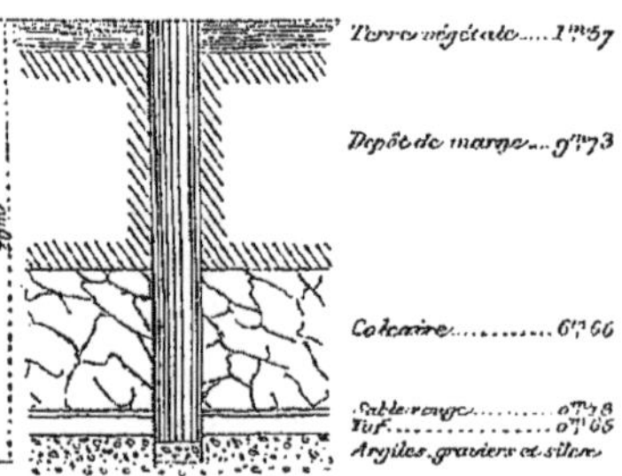

Coupe du terrain et du puits au fond duquel on a trouvé le silex représenté ci-dessus.

s'y blottit aussitôt en s'y plaçant de manière à le remplir complètement ; les deux parties du silex furent rapprochées ; elles s'adaptèrent avec exactitude et l'animal s'y trouva renfermé comme dans une boîte.

On entoura alors ce singulier caillou de gravats humides et on le laissa ainsi enterré sur place, sans y attacher d'importance, jusqu'au 27 juin, époque à laquelle on l'apporta en ville pour le montrer à M. Mathonet qui le présenta à la Société des sciences et lettres de Blois. La Société nomma une Commission ; la Commission fit une enquête et un habile peintre fit du crapaud et de son enveloppe une aquarelle qui est conservée au Musée de Blois.

On constata que le crapaud appartenait à la variété, assez commune en France, du *Bufo viridis* ou *variabilis ;* il pesait 15 grammes et avait 0 m. 052 de la bouche au cloaque. Il remplissait complètement en largeur la cavité *qui était exactement moulée sur la partie inférieure de son corps,* mais laissait un certain jeu sur son dos ; son museau se trouvait légèrement encastré dans le fragment inférieur. Quand on enlevait avec précaution la partie supérieure, il ne cherchait point, dans les premiers temps, à quitter son logement ; mais, au bout de quelques jours, il se sauvait dès qu'il sentait l'action de l'air et courait assez rapidement en soulevant le tronc tout à la fois sur ses quatre pattes. Quand on le replaçait sur la partie plane de la cassure, il allait de lui-même se blottir dans la cavité en arrangeant ses membres de façon à ne pas être blessé par la superposition du couvercle.

On le conservait enfermé dans son silex entouré de mousse mouillée, au fond d'une cave ; on ne le vit jamais manger et on ne constata aucune déjection.

Le 8 juillet il changea de peau.

Le 24 juillet, le docteur Monin, membre de la Société, le présenta à Paris à l'Académie des sciences, où il fut examiné par une Commission composée de MM. Elie de Beaumont, Flourens, Milne Edwards et Duméril [1]. Ce dernier lut, dans la

---

[1] Les comptes rendus de l'Académie des sciences, pour l'année 1851 (t. XXXIII), contiennent à ce sujet les rapports suivants :

séance du 4 août 1851, un rapport très complet et très affir-
matif dans lequel ont été puisés la plupart des renseignements qui précèdent; ce qui n'empêcha point certains acadé-
miciens de manifester leur crainte d'être victimes d'une mys-
tification, comme pour le phonographe.

Le pauvre animal ne survécut pas longtemps à son triom-
phe; une semaine après, il perdait encore une fois le jour et
cette fois pour jamais [1].

Le fait de la découverte d'un animal vivant dans l'intérieur
d'une pierre où il ne pouvait recevoir ni air ni nourriture, si
ce n'est peut-être en quantité infiniment petite à l'aide de fis-
sures invisibles à l'œil nu, me paraît suffisamment démontré
par les témoignages que j'ai rapportés; il reste à savoir comment l'animal avait pu pénétrer au milieu de cette pierre.

Y est-il arrivé à l'état de germe microscopique, par une fissure que l'on n'a pas su voir, pour s'y développer ensuite au
point d'arriver à la taille *ordinaire* d'un individu adulte, malgré le régime plus que sobre auquel il était condamné?

A-t-il été au contraire surpris, il y a peut-être des milliers
d'années, par un bouleversement du sol et confit, pour ainsi
dire, dans une enveloppe gélatineuse où sa vie a été suspendue comme on suspend le mouvement d'une montre?

Je ne vois que ces deux hypothèses; toutes les deux sont

DUMÉRIL. — Rapport sur un crapaud trouvé vivant dans la cavité d'un gros
silex où il paraît avoir séjourné pendant longtemps (p. 105-115).

Remarques de M. MAGENDIE (p. 115-116).

SEGUIN aîné. — Crapauds conservés vivants pendant plusieurs années dans
une étroite cavité et sans communication apparente avec l'air extérieur (p. 300).

VALLOT. — Note sur les crapauds trouvés vivants, etc. (p. 389).

On trouve encore dans les mêmes comptes rendus pour 1852 (t. XXXIV) :

VAUTRO. — Note sur une rainette trouvée à La Voulte (Ardèche) dans un
puits que l'on creusait. L'animal était caché dans les fragments de roc que la
mine venait de détacher (p. 26).

Et dans les comptes rendus de 1860 (t. IV) :

DUMÉRIL. — Note relative aux pluies de crapauds et aux crapauds trouvés
vivants dans des cavités closes (p. 973-975).

[1] Le silex qui l'avait renfermé et son corps plongé dans de l'alcool furent
déposés dans les galeries du Muséum de Paris, ainsi que l'atteste un accusé de
réception signé Chevreuil, conservé au Musée de Blois qui devait en recevoir un
moulage en plâtre, moulage qui n'a jamais été envoyé.

extraordinaires, c'est-à-dire qu'elles supposent des événements qui ne se produisent pas ordinairement, mais ni l'une ni l'autre ne sont *absolument invraisemblables,* en ce sens qu'elles ne contredisent aucune des vérités primordiales, aucun des faits certains. Il est donc sage de choisir entre les deux celle en faveur de laquelle militent des observations analogues.

Or, on ne connaît, je crois, aucun exemple d'animal ayant pu vivre et *croître* dans des conditions semblables [1]. Des expériences directes ont, au contraire, été faites par Hérissant (de l'Académie des sciences), sur l'invitation du duc d'Orléans, à propos du crapaud trouvé dans le mur du Raincy: des crapauds ont été enfermés, sans préparation, dans du plâtre et plusieurs y ont été retrouvés vivants au bout de dix-huit mois.

En 1822, Seguin l'aîné, correspondant de l'Académie des sciences, et en 1824, Will. Edwards reprirent avec succès les essais de Hérissant. Quelques-uns des crapauds de M. Seguin moururent, mais l'un d'eux fut retrouvé vivant au bout d'une dizaine d'années. Le plâtre était exactement moulé sur lui et il en remplissait toute la cavité. « Au moment où je brisai le plâtre, dit M. Seguin, il s'élança pour sortir de son étroite prison, mais il fut retenu par une de ses pattes qui restait engagée. Je brisai cette partie du plâtre et l'animal s'élança à terre et reprit ses mouvements habituels comme s'il n'y avait eu aucune interruption dans son mode d'existence [2]. »

Claude Bernard a rapporté, dans un de ses livres, une expérience analogue.

Un crapaud fut enfermé dans un vase poreux, clos, entouré de terre saturée d'humidité, pour que l'animal ne fût soumis à aucune

---

[1] On pourrait supposer que, le puits de Blois ayant été creusé deux ans auparavant jusqu'à la couche de silex roulés, c'est depuis cette époque que l'animal avait pu s'introduire dans la géode, mais est-il admissible que les infiltrations aient pu amener, dans une période aussi courte, assez de matières nutritives pour transformer le germe ou têtard microscopique en un animal pesant 15 grammes? Je ne le pense pas.

[2] Lettre de M. Seguin à M. Mauvais (*Comptes rendus de l'Académie des sciences,* année 1851, p. 300).

action desséchante. Ce vase était placé dans le sol à une certaine profondeur et abrité de manière que sa température restât à peu près constante. Au bout d'un an, exhumation du crapaud qui n'avait point cessé de vivre. La seconde année, il vivait encore, malgré ce jeûne si prolongé; mais il était considérablement amaigri. A la troisième exhumation, faite il y a très peu de temps, le crapaud était mort : mais il était peut-être mort accidentellement. L'hiver, plus rigoureux que les précédents, avait permis à la gelée de pénétrer plus avant dans la terre et le crapaud avait été saisi par le froid. Cette expérience suffit toutefois à démontrer que les animaux à sang froid supportent la privation de nourriture pendant une durée tout autrement longue que ne pourraient le faire les animaux supérieurs [1].

En 1882, Charles Richet a pu conserver vivantes, pendant six mois, des tortues enfermées dans du plâtre (*Comptes rendus hebdomadaires de la Société de Biologie*).

⁂

Un article que je publiai, en 1885, dans *La Nature* provoqua une série de communications [2] sur le même sujet.

Voici quelques extraits des principales.

De M. Adrien PLANTÉ :

Je puis affirmer avoir vu, dans le musée du docteur Léon Dufour, correspondant de l'Institut, à Saint-Séver-sur-Adour (Landes), qui le tenait d'un de ses fils, alors médecin-major aux cuirassiers de la garde, un bloc de plâtre dans lequel se trouvait un crapaud parfaitement conservé et qui avait été trouvé *vivant* quand le major des cuirassiers l'avait découvert au camp de Châlons. Le crapaud fut éthérisé par lui de façon à l'empêcher de sortir de sa coque solide qu'un coup de pioche avait entr'ouverte.

De M. Ch. GARNIER, architecte de l'Opéra :

M. Ch. Garnier raconte qu'en visitant, en 1849, les tombeaux antiques de Cornetto (Italie), et notamment la Grande Tombe, il laissa tomber de sa poche deux louis d'or qui allèrent se nicher entre le gradin taillé dans le roc, autour du tombeau, et une vieille pierre

---

[1] *Leçons sur les propriétés des tissus vivants.* Paris, 1866, p. 49.

[2] Ces communications parurent principalement dans *l'Intermédiaire de L'Afas* et dans *l'Intermédiaire des chercheurs et des curieux*.

gisant près de ce gradin. « Les pensionnaires de l'Académie, dit M. Garnier dans son ouvrage *A travers les arts*, n'étaient pas assez riches pour abandonner volontairement quarante francs aux mânes des Étrusques; nous cherchâmes à retrouver notre petite fortune. » La pierre, vigoureusement saisie, est renversée sur le flanc et l'or est retrouvé. « Mais tout à côté de lui, continue M. Garnier, et juste au milieu de la place où se trouvait la pierre, nous apercevons une espèce de galette ovale, grise, piquetée, d'environ 1 centimètre d'épaisseur au plus et de 20 centimètres de long. Cela ressemblait, à s'y méprendre, à un vieil emplâtre de poix de Bourgogne. Je crois voir un léger mouvement dans la galette, je regarde plus attentivement, le mouvement se marque et se continue, la surface de l'emplâtre se gonfle et frémit pendant que deux petites taches rondes se brisent en oscillant. Quelques minutes se passent, le gonflement se poursuit, le frémissement s'accélère, et enfin la galette se transforme en un vénérable crapaud, depuis bien longtemps peut-être aplati sous la pierre. » Le lendemain, le crapaud ressuscité avait disparu.

De M. C. DE LA BENOTTE :

Il y a quelques années, dans un château du département de l'Eure, on avait remarqué qu'un certain endroit de la muraille *sonnait le creux*. La châtelaine, curieuse de voir ce qu'il y avait derrière, fit ouvrir le mur. Au lieu d'un trésor qu'on espérait vaguement y découvrir, on ne trouva là-dedans qu'un *gros crapaud vivant*. Comment ce crapaud avait-il pu pénétrer dans cette excavation ? Comment avait-il pu vivre ? Autant de questions qu'on se posa et qui restèrent sans réponse. Je tiens l'anecdote de la châtelaine elle-même. Son château a été commencé sous Henri IV et fini sous Louis XIII.

De M. A. BAYSSELANCE :

On se disposait à équarrir un gros chêne que mon père avait fait abattre. L'ouvrier, ayant préparé ses encoches sur un côté, fit sauter un gros copeau. Quel fut l'étonnement de mon père en voyant se découvrir une cavité dont sortit un crapaud parfaitement vivant ! On ne put découvrir aucune communication entre la cavité et l'extérieur. Il fallait donc que le crapaud y eût pénétré lorsqu'elle était encore ouverte et y fût resté tout le temps qu'elle avait mis à se recouvrir par la croissance de l'arbre ! Et l'on sait avec quelle lenteur grossissent les chênes !

De M. l'abbé MAIRETET :

Vers l'an 1849, on traçait la route départementale de Dijon à Châtillon-sur-Seine, par Recey-sur-Ource.

Dans cette dernière localité, le tracé passait près du presbytère actuel. Un obstacle se trouvait près de cet endroit, un vieux colombier dont les angles étaient en magnifiques pierres de taille.

On le démolit et, je ne sais pourquoi, on eut besoin d'une de ces pierres qu'on choisit *au hasard*. Pour la partager sans la détériorer, on commença par la scier jusqu'à une certaine profondeur, puis on employa des coins de bois pour finir de l'écarteler.

Nous étions alors présents une dizaine d'enfants à peu près de mon âge ou un peu plus vieux et sept ou huit ouvriers terrassiers et autres.

Quelle ne fut pas la surprise de tous quand la pierre fut entièrement partagée : on aperçut un crapaud, de belle taille, couché dans son trou *qu'il remplissait exactement*. Je me rappelle très bien lui avoir vu faire quelques pas. Quelle fut sa fin ? Elle est sortie de ma mémoire. Périt-il de lui-même ? Le tua-t-on ? Je l'ignore.

Après de si nombreux siècles passés sans voir le jour, sa couleur native n'avait pas subi d'altération; elle était d'un très beau jaune d'or.

Voilà tout ce dont j'ai été témoin oculaire; je ne puis rien dire de plus.

Ce fait m'a tellement frappé que, même aujourd'hui, je vois encore la scène comme si elle se passait actuellement.

Comment expliquer la présence de cet animal dans cette pierre ? On dira peut-être qu'il fut emprisonné au moment où les éléments de la pierre se soudèrent ensemble pour la former; mais cette formation n'eut pas lieu en un jour, une semaine, pas même en une année, à moins de circonstances particulières. Il fallut donc à la bête un prodige de patience dans son immobilité pour se laisser ainsi enfermer.

D'un autre côté, il n'a certainement pas pu pénétrer dans cette pierre lorsqu'elle est devenue pierre.

Autre difficulté. Comment respirer et se nourrir ? Quelqu'un me demandait si la pierre n'avait pas de fissure. Non, elle n'en avait aucune. De plus, on ne place pas, dans l'angle d'une construction, une pierre qui a des défauts. Le soin qu'on prit pour la partager en deux parties prouve bien qu'elle était saine.

Sans doute les pierres les plus denses ont des pores; mais ils sont de si faibles dimensions qu'on ne comprend guère qu'ils fournissent une quantité d'air suffisante pour entretenir la vie d'un être respirant par les poumons.

Et la nourriture, d'où lui venait-elle ?

Dans tout cela, je n'ai fait que narrer, reconnaissant ma complète ignorance pour donner une explication quelconque.

Beaune, le 9 septembre 1906.

De tout ce qui précède, on peut conclure que la conservation de la vie chez un être enfermé dans un espace clos, où il est à l'abri des causes mécaniques de destruction, est parfaitement concevable.

Le corps d'un animal peut, en effet, être comparé à une machine qui transforme en mouvement les aliments qu'elle reçoit. Si elle ne reçoit rien, elle ne produira rien; mais il n'y a pas de raison pour qu'elle se détraque si elle n'est pas détériorée par des agents extérieurs. Le paysan légendaire qui voulait accoutumer son âne à ne pas manger n'était donc théoriquement absurde que parce qu'il voulait, en même temps, le faire travailler. Toute la difficulté consiste à rompre avec de vieilles habitudes. Il ne faut pas d'à-coups; et, pour revenir à notre comparaison de tout à l'heure, on risque de faire éclater la chaudière si on la chauffe ou si on la refroidit brusquement; mais il est possible de la faire marcher très lentement et très longtemps avec très peu de combustible. On peut même arriver à conserver simplement sous la cendre un reste de feu qui n'a pas la puissance de mettre en jeu les organes, mais qui suffira pour ranimer plus tard le foyer quand on l'aura de nouveau chargé du combustible nécessaire.

⁂

On a, pendant longtemps, classé les êtres en trois règnes nettement distincts: les animaux, les végétaux et les minéraux.

Quand on a eu mieux étudié la nature, on a reconnu d'abord que les propriétés caractéristiques des animaux et des végétaux se confondaient à mesure qu'on avait affaire à des organismes plus simples et qu'on arrivait, par gradations insensibles dans chaque règne, à des êtres qui pouvaient appartenir aussi bien à l'un qu'à l'autre.

De nos jours, on est allé plus loin et on a constaté chez les minéraux des propriétés qu'on croyait spéciales aux êtres vivants: organisation cellulaire, faculté de nutrition et d'assimilation, irritabilité et sensibilité, motilité, reproduction, formes individuelles caractéristiques, maladies dues aux mêmes agents qui les produisent chez les végétaux et les animaux.

Ces affirmations, quelque singulières qu'elles paraissent au premier abord, ont été mises en lumière par divers savants, notamment par M. Dastre [1], dont je me bornerai à citer plus loin un passage relatif aux cristaux.

Il semble que la matière brute acquière par des changements de composition et d'architecture moléculaire des propriétés qui les rapprochent de plus en plus de la matière vivante ; on peut se demander si elle ne subit pas ainsi une évolution qui l'amène progressivement à l'état des animaux et des végétaux inférieurs. Le premier germe de vie ne serait-il pas produit fortuitement dans l'une de ces combinaisons innombrables qui ont dû avoir lieu au cours des siècles? Dans ce cas, il serait permis de supposer que le phénomène de reviviscence des anguillules et des rotifères serait dû, non pas à un réveil de vie latente, mais à une création nouvelle de la vie en donnant à la matière morte persistante, par l'adjonction d'une certaine quantité d'eau, la composition nécessaire pour la doter de propriétés nouvelles.

« Il existe chez le cristal, dit M. Dastre, quelque chose d'analogue à la nutrition, une sorte de nutrilité qui est l'ébauche de la propriété fondamentale des êtres vivants. Le *point de départ, le germe de l'individu cristallin est un noyau primitif comparable à l'œuf ou à l'embryon de la plante ou de l'animal.* Placé dans un milieu de culture convenable, c'est-à-dire dans la solution de la substance, ce germe se développe. Il s'assimile la matière dissoute, il s'en incorpore les particules, il s'accroît en conservant sa forme, en réalisant un type ou une variété de type spécifique. L'accroissement ne s'interrompt pas. L'individu cristallin peut atteindre d'assez grandes dimensions si on sait le nourrir — *on pourrait dire le gaver* — convenablement. Le plus souvent, à un moment donné, une nouvelle particule du cristal sert à son tour de noyau primitif et devient le départ d'un nouveau cristal enté sur le premier (c'est un bourgeonnement).

« Retiré de son eau-mère, mis dans l'impossibilité de se nourrir, le cristal, arrêté dans son accroissement, tombe dans

---

[1] A. Dastre, *La vie et la mort.*

un repos qui n'est pas sans analogie avec la *vie latente* de la graine ou de l'animal reviviscent. Il attend le retour des conditions favorables, le bain de matières solubles, pour reprendre son évolution. »

Nous voyons ici ce qu'on peut appeler la vitalité du cristal déterminée, comme pour les animaux et les végétaux, par un germe.

Mais quelle est l'origine du premier germe qui est ici un petit cristal?

De nos jours, on en a vu apparaître spontanément dans la glycérine.

Jusqu'en 1867, on ne connaissait pas la glycérine cristallisée et l'on avait vainement essayé d'en produire artificiellement: quand on refroidissait la glycérine, elle devenait visqueuse, mais ne cristallisait pas.

Un jour de cette année 1867, on trouva dans un tonneau envoyé de Vienne à Londres, pendant l'hiver, de la glycérine cristallisée et Crookes montra les cristaux à la Société chimique de Londres.

Quelques années après, on signalait de nouveau la formation accidentelle de cristaux de glycérine dans une fabrique de Saint-Denis.

On ignore encore comment ces cristaux ont pu se former, mais ils ont une postérité. On les a semés dans de la glycérine en surfusion et ils s'y sont reproduits. Il y a maintenant à Vienne (Autriche) une usine qui pratique l'élevage en grand dans un but industriel.

On a reconnu que les cristaux fondent à 18°, de sorte que si l'on ne prenait pas des précautions pour les préserver, il suffirait d'une année, avec des étés suffisamment chauds sur toute la surface de la terre, pour faire disparaître complètement tous ces cristaux et en détruire l'espèce jusqu'à ce qu'un nouveau concours fortuit de circonstances ou la découverte d'un chimiste permette de la reconstituer.

On trouve, du reste, dans l'histoire de la civilisation des processus analogues.

Jusqu'au moment où l'homme apprit à tirer des étincelles par le choc de deux cailloux ou par le frottement de deux morceaux de bois sec, tout feu nouveau était l'enfant d'un feu plus ancien.

Avant qu'on eût découvert l'électro-magnétisme, les aimants n'étaient engendrés que par des aimants préexistants, au moyen de passes qu'on appelle la simple ou la double touche.

L'homme arrivera-t-il à créer scientifiquement des vies élémentaires au moyen de la combinaison de matières inertes par elles-mêmes? C'est ce qu'on est tenté de prévoir d'après les expériences récentes du directeur de la station géologique de Roscoff.

En 1908, M. Yves Delage a pris sept œufs d'oursins non fécondés par le mâle et les a traités par l'eau de mer renforcée par certains éléments, dont le principal était l'ammoniaque. Sur ces sept œufs, trois se sont développés normalement et ont donné des oursins qui ont vécu.

On peut objecter que le germe de vie se trouvait en partie dans les matières constitutives de l'œuf qui avaient été élaborées dans le corps vivant de la femelle, mais il n'en reste pas moins établi que les idées courantes sur l'origine, la transmission et les caractéristiques de la vie doivent être aujourd'hui singulièrement modifiées.

Grenoble, imprimerie ALLIER FRÈRES, cours de Saint-André, 26.